W0260321

Studienskripten zur Soziologie

Fortsetzung auf der 3. Umschlagseite

Zu diesem Buch

Die Faktorenanalyse ist ein klassisches statistisches Verfahren, das in allen Humanwissenschaften zur Reduktion der Datenfülle angewendet wird.

Dieser Band richtet sich sowohl an Anfänger, die sich die klassische Theorie der Faktorenanalyse sowie Erfahrungen mit bereits vorhandenen Programmpaketen an Hand von Beispielen aneignen wollen, als auch an den Fortgeschrittenen, der sich in der empirischen Forschung mit den besonderen Problemen ordinaler und qualitativer Daten auseinandersetzen muß. Insbesondere wird auch auf die Verknüpfung von substanzwissenschaftlicher Theorie und empirischer Forschung durch die konfirmatorische Faktorenanalyse Wert gelegt.

Auf Grund der Allgemeinheit und der Anwendbarkeit der behandelten Problemstellungen ist dieses Buch gleichermaßen für Wirtschafts- und Sozialwissenschaftler, Psychologen und Pädagogen, Biologen und Mediziner sowie Statistiker von Interesse.

Studienskripten zur Soziologie

Herausgeber: Prof. Dr. Erwin K. Scheuch
            Dr. Heinz Sahner

Teubner Studienskripten zur Soziologie sind als in
sich abgeschlossene Bausteine für das Grund- und
Hauptstudium konzipiert. Sie umfassen sowohl Bände
zu den Methoden der empirischen Sozialforschung,
Darstellungen der Grundlagen der Soziologie, als
auch Arbeiten zu sogenannten Bindestrich-Soziologien,
in denen verschiedene theoretische Ansätze, die Entwicklung eines Themas und wichtige empirische Studien
und Ergebnisse dargestellt und diskutiert werden.
Diese Studienskripten sind in erster Linie für An-
fangssemester gedacht, sollen aber auch dem Examens-
kandidaten und dem Praktiker eine rasch zugängliche
Informationsquelle sein.

Statistik für Soziologen   3

Faktorenanalyse

Von Mag. Dr. rer. soc. oec. Gerhard Arminger
Johannes-Kepler-Universität Linz

Mit 5 Bildern und 38 Tabellen

B. G. Teubner Stuttgart 1979

Mag. Dr. rer. soc. oec. Gerhard Arminger

1949 in Salzburg geboren. 1968 bis 1973 Studium der Soziologie und Wirtschaftswissenschaften in Wien und Linz. Anschließend Studium der Statistik in Linz. Von 1972 bis 1973 Studienassistent am Institut für Angewandte Statistik, seit 1973 Assistent am II. Institut für Soziologie der Universität Linz und Lehrbeauftragter am Institut für Angewandte Statistik. 1978/79 Lehrstuhlvertretung für Wirtschaftsstatistik an der Gesamthochschule Wuppertal.
Publikationen vor allem über statistische Verfahren in den Sozial- und Wirtschaftswissenschaften sowie in den Bereichen Industrie und Bildungssoziologie.

CIP-Kurztitelaufnahme der Deutschen Bibliothek

Statistik für Soziologen. - Stuttgart : Teubner.

3. Faktorenanalyse / von Gerhard Arminger. - 1979.
   (Teubner Studienskripten ; 24 : Studienskripten
   zur Soziologie)

   ISBN 978-3-519-00024-2   ISBN 978-3-322-94909-7 (eBook)
   DOI 10.1007/978-3-322-94909-7

NE: Arminger, Gerhard (Bearb.)

Binderei: Clemens Maier KG, Leinfelden-Echterdingen 2
Umschlaggestaltung: W. Koch, Sindelfingen

Vorwort

Die Faktorenanalyse - ursprünglich in der Psychologie zur Messung der Intelligenz entwickelt - ist heute ein in allen Humanwissenschaften sowie in einer Reihe von Naturwissenschaften - etwa Biologie und Medizin - häufig angewendetes Verfahren, um eine Vielzahl von Variablen auf wenige zugrundeliegende Variable zu reduzieren.

Trotz einiger hervorragender Bücher im deutschen Sprachraum - Ü b e r l a (1968), P a w l i k (1968), H o l m (1976) - sind noch eine Reihe von Problemen bei der Anwendung der Faktorenanalyse offen, sodaß eine Arbeit, die die neuere Literatur dazu berücksichtigt, gerechtfertigt ist.

Die Auswahl der fast unübersehbar gewordenen Literatur auf diesem Gebiet - man denke nur an die Zeitschrift Psychometrika - und die Konzeption dieses Bandes orientiert sich an folgenden Kriterien.

Die Annahmen der Faktorenanalyse sollen deutlich gemacht und die klassischen Verfahren zur Lösung des Faktorproblems dargestellt werden.

An gängigen Verfahren werden vor allem diejenigen ausgewählt, die in leicht zugänglichen Programmpaketen für die Rechnung am Computer aufbereitet sind.

In der neueren Literatur tritt neben der allgemein üblichen exploratorischen Faktorenanalyse in den Anwendungen auch die hypothesentestende oder konfirmatorische Faktorenanalyse in den Vordergrund, die daher ebenfalls zu besprechen ist. Auch soll ihre Verbindung mit Kausalmodellen, wie sie in den linearen Strukturgleichungen beschrieben werden, aufgezeigt werden.

Ein besonderes Problem bietet in den Sozialwissenschaften das
Meßniveau der beobachteten Variablen, das sehr häufig nur
qualitativer oder ordinaler Natur ist. Insbesondere für den
Anwender ist es daher wichtig, Lösungswege anzugeben, die die
Anwendung faktorenanalytischer Prinzipien auch auf diese Da-
tentypen ermöglichen.

Daneben gibt es noch eine Reihe spezieller Probleme - etwa die
Transformation einer Ladungsmatrix auf eine vorgegebene Matrix
oder die Vereinfachung der R und Q Technik der Faktorenanalyse
durch das Theorem von E c k a r t und Y o u n g , die ebenfalls in einer modernen Darstellung nicht fehlen dürfen.

Bei diesem Buch werden Kenntnisse der statistischen Methoden-
lehre sowie der Matrizenrechnung vorausgesetzt, ohne die keine
kurze und exakte Darstellung möglich ist. Die darüberhinaus
erforderlichen Kenntnisse werden im Anhang zur Verfügung gestellt.
Schwierigere Beweise werden entweder in Exkursen angegeben
oder es wird auf die entsprechende Literatur verwiesen.

Linz, im Juli 1979   Gerhard Arminger

Inhaltsverzeichnis

1 Das faktorenanalytische Modell

1.1 Begriffe und Bezeichnungen

Durch die Faktorenanalyse (abgekürzt FA) sollen viele Variable, z.B. Itembatterien in psychologischen Tests, Fragebatterien in der empirischen Sozialforschung, Symptome einer Krankheit in der Medizin, auf wenige allen Variablen gemeinsame, in der Regel der Beobachtung nicht unmittelbar zugängliche Variable zurückgeführt werden. Diese Reduktion kann auf verschiedene Weisen erfolgen, die wir in den folgenden Unterabschnitten zunächst als Probleme ohne Lösungen darlegen. Sichtbar wird dabei die grundsätzliche Unbestimmtheit jeder Lösung des Reduktionsproblems, die nur durch inhaltliche Annahmen über die Daten und deren Übersetzung in formale Annahmen aufgehoben werden kann.

Als Wegweiser durch die im Buch angegebenen Lösungsverfahren fungiert der Abschnitt 1.6 des ersten Kapitels, der - ausgehend von den zuvor erläuterten Problemstellungen - die Voraussetzungen und die den einzelnen Verfahren zugrundeliegenden Überlegungen kurz aufzeigt und damit Entscheidungshilfe bei der Auswahl von Verfahren leisten soll.

Die Bezeichnungen folgen soweit möglich den in der angelsächsischen Literatur üblichen Symbolen, Vektoren werden durch unterstrichene Kleinbuchstaben, z.B. $\underline{x}$, Matrizen durch unterstrichene Großbuchstaben, z.B. $\underline{L}$, gekennzeichnet.

Wir gehen von folgender Überlegung aus. Ein Zufallsexperiment wird N mal wiederholt. Realisierungen des Zufallsexperiments sind Meßergebnisse in p Variablen, die sich durch einen px1 Vektor $\underline{x}$ mit $\underline{x}' = (x_1, x_2, \ldots x_p)$ darstellen lassen. Dies könnten z.B. die Meßergebnisse von p psychologischen Tests bei N Personen sein. Die Gesamtheit der Meßergebnisse läßt

sich in einer pxN Datenmatrix $\underline{X} = (\underline{x}_1, \underline{x}_2, \ldots \underline{x}_N)$ darstellen.
Wir nehmen nun an, daß sich diese Meßergebnisse auf k zu-
grundeliegende (latente) Variable (Dimensionen, Faktoren) zurückführen lassen. Die quantitativ gemessenen Werte $x_1, x_2, \ldots$
$\ldots x_p$ seien durch eine Linearkombination von Variablen $f_1, f_2,$
$\ldots f_k$ und $u_1, u_2 \ldots u_p$ entstanden, sodaß gilt

$$
\begin{aligned}
1.1) \quad x_1 &= \sum_{j=1}^{k} l_{1j}\, f_j + u_1 \\
&\;\vdots \\
x_i &= \sum_{j=1}^{k} l_{ij}\, f_j + u_i \\
&\;\vdots \\
x_p &= \sum_{j=1}^{k} l_{pj}\, f_j + u_p
\end{aligned}
$$

oder in Matrixschreibweise

$$
1.2) \quad \underline{x} = \underline{L}\underline{f} + \underline{u}
$$

$\underline{x}$ px1 Vektor der beobachteten Variablen
$\underline{f}$ kx1 Vektor der latenten Variablen (gemeinsame Faktoren, gemeinsame Variable; ihre Meßwerte werden als
factor scores bezeichnet)
$\underline{u}$ px1 Vektor der spezifischen Variablen (Faktoren)
$\underline{L}$ pxk Matrix der Faktorladungen, wird auch als pattern
matrix bezeichnet.

Jede Variable x_i läßt sich also als Linearkombination von k
gemeinsamen Faktoren $f_1, \ldots f_k$, die in allen beobachteten Variablen enthalten sind, und jeweils einem spezifischen Faktor u_i, der auch einen Meßfehler enthalten kann, darstellen.
Der spezifische Faktor u_i kommt nur in der Variablen i vor.
Die Gewichte l_{ij}, mit denen die gemeinsamen Faktoren in die
beobachteten Werte eingehen, heißen Ladungen der i-ten Variablen auf dem j-ten Faktor. Die Anordnung dieser Gewichte
gibt uns den Zusammenhang zwischen beobachteten Variablen und
gemeinsamen Faktoren an, ihre Kenntnis ist wesentlich zur in-

haltlichen Identifikation der Faktoren.

Tabelle 1: Beispiele für Matrizen von Faktorladungen

	Items	Faktoren I	Faktoren II		Items	Faktoren I	Faktoren II
	1	o.7	o.5		1	o.85	o.13
	2	-o.5	o.6		2	-o.o5	o.78
$\underline{L}_1 =$	3	o.3	o.4	$\underline{L}_2 =$	3	o.1	o.49
	4	o.8	-o.6		4	o.95	-o.31
	5	o.2	o.3		5	o.1	o.35

Das bedeutet z.B. für die Darstellung von x_1

$$x_1 = o.7 \ f_1 + o.5 \ f_2 + u_1 \quad \text{bei } \underline{L}_1 \text{ und}$$
$$x_1 = o.85 \ f_1 + o.13 \ f_2 + u_1 \quad \text{bei } \underline{L}_2$$

Bei der ersten Ladungsmatrix $\underline{L}_1$ sind beide Faktoren an allen Items etwa gleich stark beteiligt, es läßt sich keine inhaltliche Übereinstimmung zwischen bestimmten Items und einem Faktor herstellen. Bei $\underline{L}_2$ ist dies möglich. Die Ladungen der Items 1 (o.85) und 4 (o.95) sind auf Faktor I hoch, auf Faktor II niedrig, während es bei den Items 2,3,5 umgekehrt ist. Wir könnten also Variable 1 und 4 mit Faktor I und Variable 2, 3,5 mit Faktor II identifizieren.

Wir treffen nun drei Annahmen. (Der im folgenden auftretende Begriff des Erwartungswertes E ist im Anhang 1 erklärt).

<u>Annahme 1:</u>

Ohne Einschränkung der Allgemeinheit ist der Vektor der Erwartungswerte bzw. in der Stichprobe der Vektor der Mittelwerte der Variablen der Nullvektor.

Mit dem Nx1 Vektor $\underline{e}' = (1, \ldots 1)$ und $n = N-1$ gilt daher

1.3) $E \underline{x} = \underline{0}$

$\bar{\underline{x}} = \frac{1}{N} \underline{X}e = \underline{o}$ in der Stichprobe

Daraus folgt

1.4) Die pxp Varianz-Kovarianzmatrix ist

$\underline{S} = E \underline{xx}'$

$\hat{\underline{S}} = \frac{1}{n} \underline{XX}'$ in der Stichprobe

<u>Annahme 2:</u>

Die spezifischen Faktoren sind untereinander und mit den gemeinsamen Faktoren unkorreliert.

1.5) $E u_i u_j = o \qquad$ für $i \neq j \quad i,j = 1,2 \ldots p$

$E u_i f_1 = o \qquad i = 1,2 \ldots p; \; 1 = 1,2 \ldots k$

bzw. in Matrixschreibweise

$\underline{U}^2 = E\underline{uu}' \quad$ mit $\underline{U}^2$ als Diagonalmatrix

$\underline{U}^2 = \frac{1}{n} \underline{UU}'$ in der Stichprobe mit

$\underline{U} = (\underline{u}_1, \; \underline{u}_2, \; \ldots \underline{u}_N)$ als Matrix der Meßwerte der spezifischen Faktoren bzw. Meßfehler

$E \underline{u} \underline{f}' = \underline{o}$

$\frac{1}{n} \underline{U} \underline{F}' = \underline{o}$ in der Stichprobe, mit

$\underline{F} = (\underline{f}_1, \ldots \underline{f}_N)$ als der kxN Matrix der Faktorwerte der k
gemeinsamen Faktoren.

Wie bereits erwähnt, wird u_i häufig aufgeteilt in

$u_i = u_i^{(1)} + u_i^{(2)}$

mit $u_i^{(1)}$ als spezifischen Faktor und $u_i^{(2)}$ als Meßfehler, der sowohl mit den anderen Meßfehlern, mit $u_i^{(1)}$ als auch mit f_j unkorreliert ist, sodaß gilt

$\underline{U}^2 = \overset{(1)}{\underline{U}}{}^2 + \overset{(2)}{\underline{U}}{}^2$

$\underline{u}^2$ läßt sich als Summe der Varianzen der spezifischen Faktoren und der Meßfehler schreiben. Für die weitere Darstellung ist diese Unterscheidung unerheblich.

<u>Annahme 3:</u>

Die latenten Variablen $f_1, \ldots f_k$ sind auf Erwartungswert o und Varianz = 1 standardisierte Variable, sodaß Korrelations- und Kovarianzmatrix identisch sind. Die kxk Korrelationsmatrix bezeichnen wir mit $\underline{P}$

$$1.6) \quad \underline{P} = E\ \underline{ff'}$$
$$\hat{\underline{P}} = \frac{1}{n}\ \underline{FF'} \quad \text{in der Stichprobe}$$

Wenn wir $\underline{L}$, $\underline{f}$ und $\underline{u}$ kennen, können wir aus 1.2) die Kovarianzmatrix der beobachteten Werte berechnen und mit Hilfe der besprochenen Annahmen vereinfachen.

$$\begin{aligned}
\underline{S} = E\ \underline{xx'} &= E(\underline{Lf} + \underline{u})(\underline{Lf} + \underline{u})' \\
&= E(\underline{Lff'L'} + \underline{uf'L'} + \underline{Lfu'} + \underline{uu'}) \\
&= \underline{L}\ E\ \underline{ff'L'} + E\ \underline{uu'} \\
&= \underline{L}\ \underline{P}\ \underline{L'} + \underline{U}^2, \quad \text{da } E\ \underline{f}\ \underline{u'} = \underline{o} \text{ wegen 1.5)}
\end{aligned}$$

In der Stichprobe gilt

$$\begin{aligned}
\hat{\underline{S}} = \frac{1}{n}\ \underline{XX'} &= \frac{1}{n}\ (\underline{L}\ \underline{F} + \underline{U})(\underline{L}\ \underline{F} + \underline{U})' = \\
&= \underline{L}\ \frac{1}{n}\ \underline{F}\ \underline{F'L'} + \underline{UU'} \\
&= \underline{L}\ \hat{\underline{P}}\ \underline{L'} + \hat{\underline{U}}^2
\end{aligned}$$

Die Gleichung

$$1.7) \quad \underline{S} = \underline{L}\ \underline{P}\ \underline{L'} + \underline{U}^2 \quad \text{bzw.} \quad \hat{\underline{S}} = \underline{L}\ \hat{\underline{P}}\ \underline{L'} + \hat{\underline{U}}^2$$

wird häufig als Fundamentaltheorem der Faktorenanalyse bezeichnet. Da $\underline{P}$ bzw. $\hat{\underline{P}}$ als Korrelationsmatrix (Rang k und positiv definit) immer in

$$\underline{P} = \underline{P}^{\frac{1}{2}} \ \underline{P}^{\frac{1}{2}}$$

zerlegt werden kann (z.B. durch das Cholesky Verfahren), findet man das Fundamentaltheorem auch häufig in der Gestalt

$$1.8) \quad \underline{S} = \underline{A} \ \underline{A}' + \underline{U}^2$$

$$\text{mit } \underline{A} = \underline{L} \ \underline{P}^{\frac{1}{2}}$$

Der Begriff "positiv definit" wird auf S. 3o erklärt. Bei 1.7) bzw. 1.8) fällt auf, daß die Kovarianzmatrix und nicht die ursprüngliche Datenmatrix faktorisiert wird. Dies ist die klassische Formulierung der Faktorenanalyse, die auf T h u r s t o n e zurückgeht. Mit Hilfe des Theorems von E c k a r t und Y o u n g (1936), das im Anschluß an die Hauptfaktorenlösung auf S. 48 dargestellt wird, kann die Datenmatrix $\underline{X}$ direkt auf Matrizen von kleinerem Rang zurückgeführt werden.

1.2 Normierung

Um an Stelle von $\underline{S}$ die Korrelationsmatrix $\underline{R}$ zu bilden, führen wir folgende Transformation durch.
Sei $\underline{V}^2$ die Diagonalmatrix der Varianzen von $\underline{x}$,
also $\underline{V}^2 = \text{diag} \ \underline{S}$.
Dann gilt $\rho_{ij} = \sigma_{ij} / \sqrt{(\sigma_{ii} \ \sigma_{jj})}, \ \sigma_{ij} \in \underline{S}$

$$1.9) \quad \underline{R} = \underline{V}^{-1} \ \underline{S} \ \underline{V}^{-1} = \underline{V}^{-1} \ \underline{L} \ \underline{P} \ \underline{L}' \ \underline{V}^{-1} + \underline{V}^{-1} \ \underline{U}^2 \ \underline{V}^{-1}$$

$$\text{Mit } \underline{L}_r = \underline{V}^{-1} \ \underline{L} \text{ und } \underline{U}_r^2 = \underline{V}^{-1} \ \underline{U}^2 \ \underline{V}^{-1} \text{ erhalten wir}$$

$$1.1o) \quad \underline{R} = \underline{L}_r \ \underline{P} \ \underline{L}_r + \underline{U}_r^2$$

Für $\underline{R}$ nimmt $\underline{V}^2$ überall den Wert 1 an, also ist $\underline{V}_r^2 = \underline{I}$ eine Einheitsmatrix.

Wenn wir allgemein $\underline{H}^2 = \underline{S} - \underline{U}^2$ bzw. $\underline{I} - \underline{U}_r^2$ im Fall der Korrelationsmatrix bilden, ist $\underline{H}^2$ eine Diagonalmatrix, deren Elemente die durch die gemeinsamen Faktoren bestimmte Varianz in jeder Variablen $(x_1,\ldots x_p)$ enthalten. h_i^2 wird als Kommunalität der Variablen i bezeichnet, u_i^2 als Eigenständigkeit (uniqueness) der Variablen i.

Die Normierung wird dann verwendet, wenn die "natürlichen" Varianzen der beobachteten Variablen keine inhaltliche Bedeutung haben. Dies ist in der Regel bei den klassischen Anwendungen in Psychologie und Soziologie der Fall, insbesondere für Test- und Fragebatterien.

1.3 Orthogonale und korrelierte Faktoren

Bekanntlich läßt sich der Korrelationskoeffizient ρ geometrisch als Kosinus des Winkels zwischen zwei Vektoren interpretieren, da allgemein im euklidischen Raum $\mathbf{R}^N$ mit einem System rechtwinkeliger Koordinatenachsen für je zwei Vektoren $\underline{x}' = (x_1,\ldots x_N)$, $\underline{y}' = (y_1,\ldots y_N)$ gilt

$$\cos \delta = \sum_{i=1}^{N} x_i y_i \,/\, \left(\sum_{i=1}^{N} x_i^2 \cdot \sum_{i=1}^{N} y_i^2 \right)^{\frac{1}{2}} = \sum_{i=1}^{N} x_i y_i / \| \underline{x} \| \cdot \| \underline{y} \|$$

δ ist der Winkel zwischen $\underline{x}$ und $\underline{y}$

$\left(\sum_{i=1}^{N} x_i^2 \right)^{\frac{1}{2}}$ ist die Länge des Vektors $\underline{x}$ - dies folgt aus dem

Satz von Pythagoras - und wird mit $\| \underline{x} \|$, d.h. Norm von $\underline{x}$, bezeichnet.

Sind 2 Faktoren unkorreliert, spricht man daher von orthogonalen (rechtwinkeligen) und sonst von korrelierten oder schiefwinkeligen Faktoren.

Stehen alle Faktoren aufeinander orthogonal, so gilt

1.11) $\underline{P} = \underline{I}$

Dies führt in 1.7) zu folgenden Vereinfachungen

1.12) $\underline{S} = \underline{L}\,\underline{L}' + \underline{U}^2$ bzw. für normierte Variable

$\underline{R} = \underline{L}_R\,\underline{L}_R' + \underline{U}_R^2$

1.13) $\underline{H}^2 = \text{diag}\,\underline{L}\,\underline{L}'$ $h_i^2 = \sum_{j=1}^{k} l_{ij}^2$; $i=1,\dots p$

d.h. die Kommunalität ist gleich der Summe der Ladungsquadrate für den Fall orthogonaler Faktoren.

Als Beispiel berechnen wir aus der Ladungsmatrix $\underline{L}_1$ der Tabelle 1 die entsprechenden Korrelationsmatrix gemäß 1.1o). Wir nehmen dabei an, daß die Korrelationsmatrix $\underline{P}$ der Faktoren gleich $\underline{I}$ ist. Dann gilt

$$\underline{R}^* = \underline{R} - \underline{U}_R^2 = \underline{L}_R\,\underline{L}_R' \quad \text{und} \quad \underline{H}^2 = \text{diag}\,\underline{R}^*$$

Tabelle 2: Reduzierte Korrelationsmatrix $\underline{R}^*$, Kommunalität $\underline{H}^2$ und Eigenständigkeiten $\underline{U}^2$ der in Tabelle 1 angegebenen Ladungsmatrix $\underline{L}_1$

$$\underline{R}^* = \begin{bmatrix} 0.74 & -0.05 & 0.41 & 0.26 & 0.31 \\ -0.05 & 0.61 & 0.09 & -0.76 & 0.08 \\ 0.41 & 0.09 & 0.25 & 0.0 & 0.18 \\ 0.26 & -0.76 & 0.0 & 1.0 & -0.02 \\ 0.31 & 0.08 & 0.18 & -0.02 & 0.73 \end{bmatrix}$$

$$\underline{H}^2 = \begin{bmatrix} 0.74 \\ 0.61 \\ 0.25 \\ 1.0 \\ 0.73 \end{bmatrix} \quad \underline{U}^2 = \underline{I} - \underline{H}^2 = \begin{bmatrix} 0.26 \\ 0.39 \\ 0.75 \\ 0.0 \\ 0.27 \end{bmatrix}$$

Wie sich aus $\underline{H}^2$ ersehen läßt, ist die Kommunalität h_i^2 am höchsten für Item 4, das zur Gänze durch die beiden gemeinsamen Faktoren erklärt wird, am geringsten ist sie für Item 3.

Liegen also Faktorladungen vor, läßt sich eine Korrelationsmatrix leicht aus 1.1o) berechnen. $\underline{U}^2$ ergibt sich dann residual aus $\underline{I} - \underline{H}^2$. In der Faktorenanalyse stehen wir jedoch vor dem umgekehrten Problem, nämlich aus $\underline{R}$ bzw. einer Schätzung für $\underline{R}^*$ die Ladungsmatrix $\underline{L}$ zu berechnen.

Sei $\underline{W}$ die pxp Kovarianzmatrix der beobachteten Variablen mit den Faktoren. $\underline{W}$ wird als Faktorstrukturmatrix bezeichnet. Allgemein gilt:

$$1.14) \quad \underline{W} = E \, \underline{x} \, \underline{f}' = E(\underline{L} \, \underline{f} + \underline{u}) \, \underline{f}' = \underline{L} \, E \, \underline{f} \, \underline{f}' + E \, \underline{u} \, \underline{f}' = \underline{L} \, \underline{P}.$$

Die Faktorstrukturmatrix ist also allgemein das Produkt aus Ladungsmatrix und Korrelationsmatrix der Faktoren.

Ist nun $\underline{P} = \underline{I}$, so sind $\underline{W}$ und $\underline{L}$, also Faktorstruktur und Ladungsmatrix gleich. Setzen wir nun $\underline{R}$ an die Stelle von $\underline{S}$, so ist $\underline{W}$ eine Korrelationsmatrix und für $\underline{P} = \underline{I}$ sind die Ladungen l_{ij} mit den Korrelationen zwischen x_i und f_j identisch.

Allerdings ist es in der Regel inhaltlich nicht sinnvoll, unkorrelierte Faktoren anzunehmen. Gerade in der Testpsychologie oder in der empirischen Sozialforschung wollen wir ja Zusammenhänge zwischen latenten, nicht unmittelbar beobachtbaren Variablen entdecken, sodaß die Annahme der Unkorreliertheit sinnlos ist und auch häufig zu nicht interpretierbaren Ergebnissen führt.

Denken wir z.B. an einen psychologischen Test von Persönlichkeitseigenschaften. Wünschenswert ist es, wenn jedes Testitem auf einem Faktor hoch lädt und auf den anderen niedrig, es wäre jedoch unsinnig, zu behaupten, daß Persönlichkeitseigenschaften unkorreliert sind. Zur Erforschung der Persönlichkeitsstruktur suchen wir im Gegenteil nach korrelierten Faktoren.

Die Annahme orthogonaler Faktoren spielt nur beim Finden von
Ausgangslösungen von 1.7) eine entscheidende Rolle.

1.4 <u>Unbestimmtheit von Faktorladungen und Faktorwerten</u>

Angenommen, wir hätten folgende Faktorisierung von $\underline{S}$ erreicht, wobei k = Anzahl der Faktoren fest vorgegeben ist.

$$\underline{S} = \underline{L}\,\underline{P}\,\underline{L}' + \underline{U}^2$$

Dann ist die Bestimmung von $\underline{L}$ und $\underline{P}$ nicht eindeutig, da für
jede reguläre kxk Transformationsmatrix $\underline{T}$, mit der wir $\underline{f}$ multiplizieren, gilt:

$$\underline{g} = \underline{T}\,\underline{f}$$

$$E\,\underline{g}\,\underline{g}' = \underline{T}\,\underline{P}\,\underline{T}' \quad \text{und} \quad \underline{x} = \underline{L}\,\underline{f} + \underline{u} = \underline{L}\,\underline{T}^{-1}\,\underline{g} + \underline{u} \quad \text{und daher}$$

$$1.15) \quad \underline{S} = E\,\underline{x}\,\underline{x}' = \underline{L}\,\underline{T}^{-1}\,\underline{T}\,\underline{P}\,\underline{T}'\,\underline{T}^{-1'}\,\underline{L}' + \underline{U}^2 = \underline{M}\,\underline{Q}\,\underline{M}' + \underline{U}^2$$
$$\text{mit } \underline{M} = \underline{L}\,\underline{T}^{-1} \text{ und } \underline{Q} = \underline{T}\,\underline{P}\,\underline{T}'$$

Um eine eindeutige Lösung zu erhalten, müssen daher k^2 voneinander unabhängige lineare Restriktionen eingeführt werden.

In der exploratorischen Faktorenanalyse werden zunächst
$k(k+1)/2$ Restriktionen dadurch festgelegt, daß $\underline{P} = \underline{I}$ gesetzt
wird.

Es werden also im ersten Schritt orthogonale Faktoren angenommen, damit überhaupt eine eindeutige Lösung erreicht werden kann. Wie bereits erwähnt, ist diese Annahme inhaltlich
nicht immer sinnvoll, es muß daher häufig in einem zweiten
Schritt auf korrelierte Faktoren transformiert werden.

Die restlichen $k(k-1)/2$ Restriktionen werden durch (verallge-
meinerte) Orthogonalitätsbedingungen erreicht, z.B. durch die
Bedingung, daß $\underline{L}'\underline{L} = \underline{G}$ eine Diagonalmatrix sein muß im Fall
der Hauptfaktorenlösung oder $\underline{L}'\underline{U}^{-2}\underline{L} = \underline{G}$ (Diagonalmatrix) im
Fall der Maximum Likelihoodlösung.

Dies wird bei der Besprechung der Hauptkomponentenlösung auf
S. 28 deutlich.

Die Bedingung $\underline{P} = \underline{I}$ allein löst nämlich das Problem nicht, da
immer eine orthogonale Transformation $\underline{T}$ mit $\underline{T}\underline{T}' = \underline{I}$ gefunden
werden kann, sodaß 1.15) gilt.
Die Ausgangslösung wird dann mit Hilfe eines analytischen
(früher auch visuellen) Verfahrens, bei dem die Transformationsmatrix $\underline{T}$ bestimmt wird, auf eine "inhaltlich" sinnvolle
Lösung transformiert, die auch die Berechnung von $\underline{P}$ gestattet.

Liegen andererseits bereits Hypothesen über die Korrelation
der Faktoren bzw. über die Varianzen der spezifischen Faktoren, sowie über die Ladungen vor, besteht, wenn die Anzahl m
der frei wählbaren, also nicht durch eine Hypothese vorherbe-
stimmten Parameter kleiner gleich ist als die Anzahl der frei-
en Parameter in $\underline{S}$, also $m \leqslant p(p+1)/2$ die Möglichkeit, diese
Hypothese unter Vorliegen von Voraussetzungen über die Ver-
teilung der beobachteten Variablen zu testen. Dies ist dann
Aufgabe der konfirmatorischen Faktorenanalyse.

Die Faktorenanalyse stellt sich also zunächst die Frage, ob $\underline{S}$
in der Gestalt $\underline{S} = \underline{L}\,\underline{P}\,\underline{L}' + \underline{U}^2$ dargestellt werden kann mit

$\underline{L}$ pxk Matrix mit Rang $= k \leqslant p$
$\underline{P}$ kxk Matrix mit Rang $= k$
$\underline{U}^2$ pxp Diagonalmatrix mit $u_i^2 \geqslant o$ i=1,2...p

Im Anschluß daran ist zu überlegen, ob es zu dieser Darstel-
lung von $\underline{S} = \underline{L}\,\underline{P}\,\underline{L}' + \underline{U}^2$ auch ein Modell $\underline{x} = \underline{L}\,\underline{f} + \underline{u}$ mit den
in Abschnitt 1.1 geforderten Voraussetzungen gibt und wie man
daraus $\underline{f}$, nämlich die Faktorwerte, bestimmt.
Zunächst ist festzustellen, daß $\underline{f}$ und $\underline{u}$ sicher nicht als Linearkombination von $\underline{x}$ gewählt werden können, da k+p Linear-
kombinationen von p Variablen nicht paarweise unkorreliert

sein können. Das bedeutet, daß die Faktorwerte der gemeinsamen und spezifischen Faktoren nicht durch eine lineare Transformation der x_i i=1,...p berechnet, sonder nur angenähert werden können.

Diese Tatsache hat S c h ö n e m a n n und S t e i g e r (1976) veranlaßt, die üblichen Annahmen der Faktorenanalyse fallen zu lassen, an Stelle dieser anzunehmen, daß $\underline{f} = \underline{B} \underline{x}$ also eine Linearkombination von $\underline{x}$ ist und die Faktorenanalyse durch die sogenannte regression component analysis zu ersetzen.

1.5 Implikationen für die Anwendung der Faktorenanalyse

Die vorhergehenden Annahmen und Definitionen implizieren für die Anwendung der Faktorenanalyse einige Beschränkungen, die in der Anwendung häufig übersehen werden. Sie sollen daher ins Bewußtsein gerufen werden.

Erstens ist das zugrundeliegende Modell ein lineares Modell. Hinter der Faktorenanalyse steckt sozusagen der Glaube an die Linearität des Kosmos. Man nimmt an, daß sich die manifesten Variablen als Linearkombination weniger latenter Variablen und eines - hoffentlich geringen - Fehlers darstellen lassen. Dieser Glaube ist allgemein in den Sozial- und Wirtschaftswissenschaften stark verbreitet, man denke etwa an die Pfadanalyse. Bekanntlich lassen sich leicht Beispiele finden, wo diese Linearitätsannahme nicht gerechtfertigt ist. Eine Erweiterung der Faktorenanalyse auf nicht lineare Modelle findet sich in M c D o n a l d (1967a, 1967b).

Zweitens werden die latenten Variablen als quantitativ angenommen. Dies trifft auch für den am Ende dieses Bandes behandelten Fall der Faktorenanalyse qualitativer Variablen zu, indem die Wahrscheinlichkeit des Auftretens einer bestimmten

Merkmalsausprägung als Linearkombination quantitativer latenter Variablen angesetzt wird. Hier muß für jeden Einzelfall geprüft werden, ob diese Annahme inhaltlich vertretbar ist.

Ist die Annahme nicht gerechtfertigt, muß auf andere Modelle, etwa latent class models innerhalb der latent structure analysis ausgewichen werden. Einen guten Literaturüberblick bietet hier M o o i j a a r t (1978).

Drittens ist die Faktorenanalyse bezugsgruppenabhängig. Sie geht in der Praxis immer von einer Stichprobenkovarianzmatrix aus, sodaß sich die Faktorladungen je nach Stichprobe stark unterscheiden können. Dies tritt z.B. in der Testpsychologie auf. Ein Item weist eine bestimmte Faktorladung auf. Trennt man nun die Stichprobe nach Männern und Frauen, weist dieses Item unter Umständen völlig verschiedene Ladungen auf. Dies trifft auch häufig für Einstellungsmessungen zu, sodaß die Faktorenanalyse für Skalierungsverfahren, also für die Entwicklung von Meßskalen, nur sehr bedingt brauchbar ist. Spezifische Objektivität der Messung ist nicht gewährleistet. Eine ausgezeichnete Darstellung der Meßprobleme in den Humanwissenschaften sowie von Skalierungsverfahren, die eine Überprüfung der spezifischen Objektivität erlauben, bietet S i x t l (1976).

1.6 <u>Wegweiser durch die folgenden Abschnitte</u>

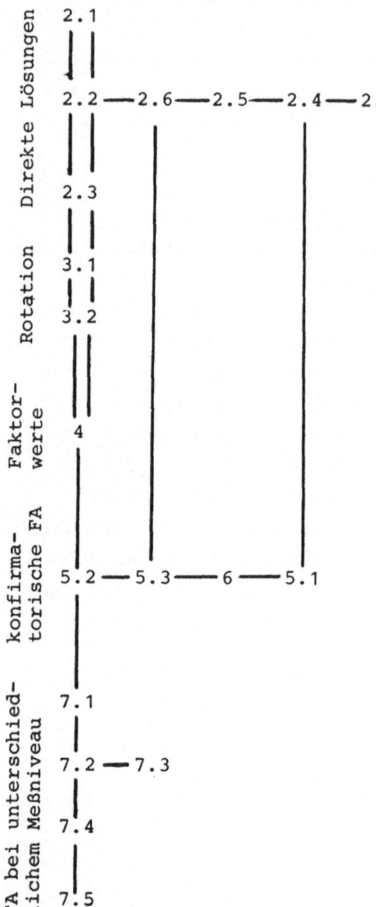

2.1 Hauptkomponentenmethode

2.2 Hauptfaktorenmethode

2.3 Theorem von Eckart und Young

2.4 Minres-Lösung

2.5 Alpha-Faktorenanalyse

2.6 Maximum Likelihood Lösung

2.7 Vereinheitlichtes Modell

3.1 Orthogonale Rotation

3.2 Schiefwinkelige Rotation

 4 Berechnung der Faktorwerte

5.1 Prokrustes Rotation

5.2 Maximum Likelihood Lösung der konfirmatorischen FA

5.3 Lineare Strukturgleichungen

 6 Robuste Schätzung von R

7.1 FA ordinaler Daten

7.2 FA dichotomer Daten

7.3 FA dichotomer normalverteilter Daten

7.4 FA nominaler Daten

7.5 FA bei beliebigem Meßniveau

Die obige Darstellung zeigt den Aufbau des Buches. Die Bezeichnungen links stimmen in etwa mit den Überschriften der Kapitel überein. Die Striche zeigen Zusammenhänge auf, die doppelten Striche entsprechen dem klassischen Aufbau der Faktorenanalyse, wie er in den meisten Lehrbüchern dargestellt ist und auch dem Anfänger zu empfehlen ist.

Wir gehen zunächst davon aus, daß wir keinerlei Informationen über eine mögliche Faktorisierung haben. Um überhaupt zu einer Faktorisierung von $\underline{S}$ oder $\underline{R}$ gemäß Gleichung 1.7) zu kommen, treffen wir zwei Annahmen. Wir verlangen, daß $\underline{P} = \underline{I}$ ist, d.h. die Faktoren sollen unkorreliert sein. Um zu einer eindeutigen Lösung zu gelangen, legen wir verschiedene Kriterien fest, die formal eine eindeutige Lösung garantieren, jedoch nicht inhaltlich sinnvoll sein müssen. Derartige Lösungen bezeichnen wir als direkte Lösungen.

Im einzelnen sind dies folgende Kriterien.

Wenn wir keine Vorstellungen über eine mögliche Faktorisierung haben, ist es sinnvoll, zunächst die Anzahl der Faktoren $k = p$ der Anzahl der Variablen zu setzen und zu versuchen, die Daten möglichst gut durch den ersten Faktor, dann durch den zweiten Faktor etc. zu erklären. Dabei muß die Nebenbedingung, die Matrix $\underline{S}$ durch $\underline{L}\,\underline{L}' + \underline{U}^2$ zu reproduzieren, möglichst gut erfüllt werden. Formal bedeutet das, daß die durch den ersten Faktor erklärte Varianz maximiert werden soll. Dies geschieht in der Hauptkomponentenlösung in Abschnitt 2.1.

Wenn wir nicht bereit sind, $k = p$ zu setzen, stehen wir vor dem eigentlichen Problem der Faktorenanalyse. Wie in 2.2 gezeigt wird, hängen die Anzahl der Faktoren und die Kommunalitäten h_i^2 eng zusammen. Weiters werden formale Kriterien angegeben, um die Anzahl der Faktoren zu bestimmen. Es muß jedoch betont werden, daß inhaltliche Überlegungen bei der Bestimmung der Anzahl der Faktoren berücksichtigt werden müssen.

Dies wird an Hand eines Beispiels in 5.2 aufgezeigt. Wenn wir
bei geringer Faktorenzahl k wiederum das Kriterium anwenden,
die durch den ersten Faktor erklärte Varianz zu maximieren
und $\underline{S}$ möglichst gut zu reproduzieren, erhalten wir die Hauptfaktorenlösung des Abschnitts 2.2.

Im Abschnitt 2.4 wird gezeigt, daß bei vorgegebener Faktorenzahl k die Hauptfaktorenlösung für $\underline{R}$ zugleich eine Kleinste
Quadrate Lösung ist, da die Fehlerquadrate zwischen beobachteten und reproduzierten Korrelationen minimiert werden. Wenn
wir keine Annahmen über die Verteilung der Datenmatrix $\underline{X}$ treffen, ist dies eine besonders günstige Eigenschaft, die den
fast ausschließlichen Gebrauch der Hauptfaktorenmethode recht-
fertigt.

Etwas abseits des ausgetretenen Pfades der Hauptfaktorenlösung
liegen die Maximum Likelihood (ML)- und die Alpha-Faktorenanalyse (Abschnitte 2.6 und 2.5).

Die ML Lösung geht bei fester Faktorenzahl k davon aus, daß
die Datenmatrix $\underline{X}$ Stichprobe aus einer multivariaten Normalverteilung ist. Diese Forderung ist ziemlich restriktiv, da
sie impliziert, daß auch alle niedriger dimensionalen Randverteilungen normalverteilt sind. Ist jedoch diese Forderung
auch nur annähernd erfüllt, ist die ML Lösung vom statistischen Standpunkt vorzuziehen, da sie die Berechnung statisti-
scher Tests bezüglich der Faktorenzahl sowie von Konfidenz-
intervallen ermöglicht.

Der Alpha Faktorenanalyse liegt die Überlegung zugrunde, daß
die beobachteten Variablen eine Stichprobe aus einem Univer-
sum von Variablen ist. Die aus der Stichprobe berechneten
Faktorwerte sollen mit den "wahren" Faktorwerten möglichst
hoch korrelieren. Wegen dieser Überlegung spielt die Alpha
Faktorenanalyse vor allem in der psychologischen Testtheorie
eine Rolle.

In Abschnitt 2.7 werden alle besprochenen direkten Lösungen
unter einem allgemeineren Gesichtspunkt zusammengefaßt und
ein einheitlicher rascher Lösungsalgorithmus entwickelt.

Die Reduktion der Datenmatrix an Stelle der Korrelationsmatrix
wird in Abschnitt 2.3 gezeigt. Dies gibt die Möglichkeit,
nicht nur Variable, sondern auch die N Elemente mit einfacher
Rechnung auf gemeinsame Typen zurückzuführen.

Liegt eine direkte Lösung vor, gehört es zu den klassischen
Problemen der Faktorenanalyse, auf Faktoren zu transformieren,
die mit Variablengruppen inhaltlich identifiziert werden können. Diese Transformationen - in der Literatur hat sich in un-
zulässiger Weise der Begriff Rotation eingebürgert - werden in
den Abschnitten 3.1 und 3.2 dargestellt.

Abschnitt 4 erläutert die approximative Berechnung der Faktorwerte mit Hilfe der Regressionsrechnung.

Die folgenden Abschnitte behandeln im wesentlichen neuere Er-
weiterungen der Faktorenanalyse.

Die ML Lösung der konfirmatorischen Faktorenanalyse (Abschnitt
5.2) gibt unter der Annahme der multivariaten Normalverteilung
der Daten die Möglichkeit, Hypothesen über die Ladungsmatrizen
und die Korrelationen zwischen den Faktoren zu testen. Liegen
also Hypothesen über den Zusammenhang zwischen Variablen und
ihren Operationalisierungen vor, ist dies eine Möglichkeit,
diese Hypothesen zu überprüfen.

Der Zusammenhang zwischen konfirmatorischer ML-Faktorenanalyse
und linearen "Kausalmodellen", wie sie in den Wirtschaftswissenschaften und in der Sozialforschung verwendet werden, wird
in 5.3 aufgezeigt.

<u>Kleinste</u> <u>Quadrate</u> <u>Methoden</u>, eine Ladungsmatrix auf eine vorge-
gebene Matrix zu transformieren, werden in 5.1 erörtert. Sie
bieten den Vorteil, verteilungsunabhängig zu sein, weisen aber
nicht die Möglichkeit zu statistischen Tests auf, sodaß man
auf visuelle Inspektion der Güte der Annäherung angewiesen
ist.

Wir haben bereits mehrmals auf die Schwierigkeit verwiesen,
Maximum Likelihood Methoden zu verwenden. Dies kann erleich-
tert werden, wenn an Stelle der üblichen Schätzungen für die
Kovarianzen und Korrelationskoeffizienten <u>robuste</u> <u>Schätzer</u>
verwendet werden, deren Berechnung in Abschnitt 6 beschrieben
wird.

In Abschnitt 7 werden schließlich <u>spezielle</u> <u>Verfahren</u> für Variablen mit <u>ordinalem</u> (7.1), <u>dichotomem</u> (7.2 und 7.3) sowie
<u>polytomem</u> (nominalem) Meßniveau (7.4) behandelt. Diese Verfah-
ren werden im wesentlichen auf die Methoden von Abschnitt 2
und 3 zurückgeführt. Abschnitt 7.5 entwickelt schließlich ein
<u>allgemeines</u> <u>Modell</u> für <u>Variable</u> <u>beliebigen</u> <u>Meßniveaus</u>.

2. Direkte Lösungen des Faktorproblems

Wir gehen davon aus, daß $\underline{S}$ bzw. $\underline{R}$ vorgegeben oder aus den Daten geschätzt sind und so dargestellt werden können.

2.1) $\underline{R} = \underline{L}\,\underline{L}' + \underline{U}^2$

mit Rang $\underline{L} = k$, und $o \leq u_i^2 \leq 1$.
Die Korrelationsmatrix zwischen den Faktoren $\underline{P}$ wird gleich $\underline{I}$ gesetzt. Eine Lösung für 2.1) mit Werten für $\underline{L}$ und $\underline{U}^2$ bezeichnet man als direkte Lösung des Faktorproblems. Dabei sollen einerseits die beobachteten Variablen entweder durch eine inhaltlich fest vorgegebene Zahl k oder durch möglichst wenige gemeinsame Faktoren erklärt werden, andererseits soll $\underline{R}$ möglichst gut durch $\underline{L}\,\underline{L}' + \underline{U}^2$ angenähert werden. Zur Lösung wurde eine Reihe von Verfahren vorgeschlagen, von denen die wichtigsten besprochen und ihre Gemeinsamkeiten aufgezeigt werden sollen.
Liegt an Stelle von $\underline{R}$ die Varianz Kovarianzmatrix $\underline{S}$ vor, sind die entsprechenden Matrizen $\underline{L}_S$ und $\underline{U}_S^2$ leicht zu berechnen durch
$\underline{L}_S = \underline{V}\,\underline{L}$ und $\underline{U}_S^2 = \underline{v}^2\,\underline{U}^2$

2.1. Die Hauptkomponentenmethode

Diese Methode wurde ursprünglich von H o t e l l i n g (1933) entwickelt und stellt die Grundlage für eine Reihe von Verfahren der multivariaten Statistik dar. Sie dient auch als Grundlage für die in den nächsten Abschnitten zu besprechenden eigentlichen Verfahren der Faktorenanalyse.

Charakteristisch für die Hauptkomponentenmethode ist, daß die Anzahl der gemeinsamen Faktoren k gleich der Anzahl der Variablen p gesetzt wird. Es treten keine spezifischen Faktoren bzw. Meßfehler u_i, $i = 1,\dots p$ auf. Die Korrelationsmatrix $\underline{R}$ wird zur Gänze durch die gemeinsamen Faktoren dargestellt.

Dies widerspricht der obigen Forderung, daß k klein sein soll. Trotzdem ist diese Methode wichtig, da sie uns - wenn k nicht von vornherein festliegt - Anhaltspunkte für die Wahl von k liefert.

Die Korrelationsmatrix ist in der Regel positiv definit (Vgl. S.3o) mit Rang p, da sie als Produkt von zwei Matrizen vom Rang p geschrieben werden kann (B o c k, 1975, S. 83). Dies bedeutet, daß die erklärte Varianz insgesamt (= Summe der erklärten Varianzen in jedem x_i) höchstens den Wert p annehmen kann. Formal bedeutet das

$$\sum_{i=1}^{p} h_i^2 = \sum_{i=1}^{p} \sum_{j=1}^{k} l_{ij}^2 \leq p$$

Um überhaupt zu einer eindeutigen Lösung zu kommen, legen wir fest, daß der Anteil des ersten Faktors ein Maximum werden soll. Solange wir keine inhaltlichen Anhaltspunkte über die Faktoren haben, bewirkt dies, daß alle Variablen zu einem möglichst großen Teil durch den ersten Faktor dargestellt werden.

2.3) $g_1 = \sum_{i=1}^{p} l_{i1}^2 \ldots$ Max!

unter der Bedingung, daß $\underline{R} - \underline{U}^2 = \underline{L} \underline{L}'$, d.h.

2.4) $r_{ih} = \sum_{j=1}^{p} l_{ij} l_{hj}$, für $i \neq h$; $i,h = 1,\ldots p$.

Dies definiert, da $r_{ih} = r_{hi}$, $\frac{p(p-1)}{2}$ Bedingungen.

Eine notwendige Bedingung für das Erreichen eines Maximums ist das Verschwinden der ersten Ableitung. Zur Lösung der Extremwertaufgabe 2.3) unter Bedingung 2.4) verwenden wir die Methode der Lagrange'schen Multiplikatoren, indem wir der Darstellung bei H a r m a n (1967, S. 138 f.) folgen.

Die neue Extremwertaufgabe ist dann

$$2.5) \quad 2T = g_1 - \sum_{i,h=1}^{p} m_{ih} \, r_{ih} = g_1 - \sum_{i,h=1}^{p} \sum_{j=1}^{p} m_{ih} \, l_{ij} \, l_{hj} \cdots$$

$$\cdots \text{Max!}$$

$m_{ih} = m_{hi}$ sind die Lagrange'schen Multiplikatoren.

Wir leiten zunächst nach l_{i1} und l_{ij} $(j \neq 1)$ partiell ab und setzen die Ableitungen gleich O.

$$2.6) \quad \frac{\partial T}{\partial l_{i1}} = l_{i1} - \sum_{h=1}^{p} m_{ih} \, l_{h1} = o$$

$$2.7) \quad \frac{\partial T}{\partial l_{ij}} = \quad - \sum_{h=1}^{p} m_{ih} \, l_{hj} = o$$

2.6) und 2.7) ergeben zusammen, wenn wir $\delta_{1j} = 1$ für j=1 und $\delta_{1j} = o$ für $j \neq 1$ setzen.

$$2.8) \quad \frac{\partial T}{\partial l_{ij}} = \delta_{1j} \, l_{ij} - \sum_{h=1}^{p} m_{ih} \, l_{hj} = o \quad j=1,2\ldots p$$

Multiplikation mit l_{i1} und Summierung über i ergibt

$$2.9) \quad \delta_{1j} \sum_{i=1}^{p} l_{i1}^{2} - \sum_{i=1}^{p} \sum_{h=1}^{p} m_{ih} \, l_{i1} \, l_{hj} = o \quad j=1,2\ldots p$$

Wegen 2.6) ist $\sum_{i=1}^{p} m_{ih} \, l_{i1} = l_{h1}$ und wegen 2.3) $g_1 = \sum_{i=1}^{p} l_{i1}^{2}$

können wir 2.9) schreiben als

$$2.1o) \quad \delta_{1j} \, g_1 - \sum_{h=1}^{p} l_{h1} \, l_{hj} = o$$

Multiplikation mit l_{ij} und Summation über je ergibt

$$2.11) \quad l_{i1} \, g_1 - \sum_{h=1}^{p} l_{h1} \left(\sum_{j=1}^{p} l_{ij} \, l_{hj} \right) = o \quad \text{für } i=1,2\ldots p$$

Da $r_{ih} = \sum_{j=1}^{p} l_{ij} \, l_{hj}$ wird 2.11) zu

2.12) $\sum_{h=1}^{p} r_{ih}\, l_{h1} - g_1\, l_{i1} = o$ für $i=1,2\ldots p$

Ist $\underline{l}_1$ die erste Spalte von $\underline{L}$, wird 2.12) in Matrixschreibweise zu

2.13) $\underline{R}\,\underline{l}_1 - g_1\,\underline{l}_1 = \underline{o}$

Dieses Gleichungssystem hat nur dann eine nicht triviale Lösung für $\underline{l}_1$, wenn die Determinante

2.14) $|\underline{R} - g_1\,\underline{I}| = o$

wird.

Das Problem 2.13) und 2.14) sind aus der linearen Algebra als Eigenwertproblem wohlbekannt. 2.14) ist die charakteristische Gleichung von $\underline{R}$. Entwicklung der Determinante erzeugt ein Polynom von Grad p in g_1, dessen Auflösung nach g_1 p Lösungen ergibt, die im allgemeinen nicht voneinander und von o verschieden sein müssen. Zur numerischen Berechnung von Eigenwerten und Eigenvektoren geben wir ein einfaches Verfahren sowie Literaturhinweise im Anhang 2 an.

Wir verwenden nun einige Sätze aus der mathematischen Theorie über Eigenwerte und Eigenvektoren, deren Begründung etwa in Z u r m ü h l (1964, S. 146 ff) nachgelesen werden kann.

$\underline{R}$ ist symmetrisch und - wenn der Rang $\underline{R} = p$ ist - auch positiv definit, d.h. für beliebige Vektoren $\underline{a}' = (a_1,\ldots a_p)$ gilt: $\underline{a}'\,\underline{R}\,\underline{a} > o$.

Beweis: Da $\underline{R} = \frac{1}{n}\,\underline{V}^{-1}\,\underline{X}\,\underline{X}'\,\underline{V}^{-1}$, ist $\underline{a}'\,\underline{R}\,\underline{a} = \underline{a}'\frac{1}{n}\,\underline{V}^{-1}\,\underline{X}\,\underline{X}'\,\underline{V}^{-1}\,\underline{a}$.

Für $\underline{b} = \frac{1}{\sqrt{n}}\,\underline{X}'\,\underline{V}^{-1}\,\underline{a}$ erhalten wir

$$\underline{a}'\,\underline{R}\,\underline{a} = \underline{b}'\underline{b} = \sum_{i=1}^{p} b_i^2 > 0.$$

Da $\underline{R}$ positiv definit ist, existieren nur reelle, nicht negative Eigenwerte $g_1 \geqslant g_2 \geqslant \cdots g_p > 0$.

Zu je zwei verschiedenen Eigenwerten g_i, g_j existieren zwei Eigenvektoren $\underline{a}_i$ und $\underline{a}_j$ mit $\underline{R}\,\underline{a}_i = \underline{a}_i\,g_i$ und $\underline{R}\,\underline{a}_j = \underline{a}_j\,g_j$, sodaß $\underline{a}_i$ und $\underline{a}_j$ orthogonal sind, d.h.

$$\sum_{l=1}^{p} a_{il}\,a_{jl} = 0, \quad i \neq j.$$

Ist g_i ein h-facher Eigenwert, so gibt es h paarweise orthogonale Eigenvektoren zu g_i, sodaß es insgesamt auf jeden Fall p aufeinander orthogonale Eigenvektoren gibt.

Jeder Eigenvektor $\underline{a}_1$, $\underline{a}_2$, ... $\underline{a}_p$ kann auf Länge 1 normiert werden, indem wir zunächst die Norm

$$\|\underline{a}_j\| = (a_{1j}^2 + a_{2j}^2 + \ldots + a_{pj}^2)^{\frac{1}{2}} \quad \text{bilden und jedes Element}$$
durch die Norm dividieren.

$$a_{ij} = a_{ij}/\|\underline{a}_j\|$$

Mit diesen normierten Eigenvektoren läßt sich die Orthogonalität so darstellen

$$\underline{A}'\,\underline{A} = I, \quad \underline{A} = (\underline{a}_1, \underline{a}_2, \ldots \underline{a}_p)$$

Diese Eigenschaft benützen wir, um zu zeigen, daß jeder von g_i verschiedene Eigenwert g_j zugleich auch Eigenwert von $\underline{R} - \underline{a}_i\,g_i\,\underline{a}_i'$ ist.
Gilt nämlich $\underline{R}\,\underline{a}_j = \underline{a}_j\,g_j$ und $\underline{R}\,\underline{a}_i = \underline{a}_i\,g_i$, so ist
$(\underline{R} - \underline{a}_i\,g_i\,\underline{a}_i')\,\underline{a}_j = \underline{R}\,\underline{a}_j - \underline{a}_i\,g_i\,\underline{a}_i'\,\underline{a}_j = \underline{a}_j\,g_j - 0.$

Wenn wir diese Überlegung schrittweise auf $g_1 \ldots g_p$ anwenden, erhalten wir

2.15) $\underline{R} = (a_1\ g_1\ a_1' + a_2\ g_2\ a_2' + .. + a_p\ g_p\ a_p')$

mit $\underline{G} = \mathrm{diag}\ (g_1,\ g_2, \ldots g_p)$
oder in Matrixschreibweise

2.16) $\underline{R} = \underline{A}\ \underline{G}\ \underline{A}'$ bzw. $\underline{A}'\ \underline{R}\ \underline{A} = \underline{G}$

Die Spur einer Matrix pxp Matrix $\underline{A}$ ist als Summe der Diagonalelemente definiert:

$$\mathrm{tr}\ \underline{A} = \sum_{i=1}^{p} a_{ii}.$$

Für die Spur des Produkts von zwei Matrizen gilt
$\mathrm{tr}\ \underline{A}\ \underline{B} = \mathrm{tr}\ \underline{B}\ \underline{A}$

Daraus folgt für die Matrix $\underline{R}$ aus 2.16)

$$p = \mathrm{tr}\ \underline{R} = \mathrm{tr}\ \underline{A}\ \underline{G}\ \underline{A}' = \mathrm{tr}\ \underline{A}'\underline{A}\ G = \mathrm{tr}\ \underline{I}\ \underline{G} = \sum_{j=1}^{p} g_j$$

d.h., die Spur von $\underline{R}$ ist gleich der Summe der Eigenwerte.

Für die Determinante des Produkts von zwei Matrizen gilt
$|\underline{A}\ \underline{B}| = |\underline{B}\ \underline{A}|$
Wiederum wegen 2.16) gilt daher
$$|\underline{R}| = |\underline{A}\ \underline{G}\ \underline{A}'| = |\underline{A}'\underline{A}||\underline{G}| = |\underline{I}||\underline{G}| = \prod_{j=1}^{p} g_j$$

Die Determinante von $\underline{R}$ ist also gleich dem Produkt der Eigenwerte.

Diese Sätze gelten natürlich nicht nur für $\underline{R}$, sondern für beliebige symmetrische positiv definite Matrizen.

2.16) ist in der linearen Algebra in der Eigenwerttheorie unter dem Namen Hauptachsentransformation seit langem bekannt.
Wir können 2.16) jedoch bei der Anwendung auf 2.14) eine be-

sondere statistische Interpretation geben.

Zunächst haben wir 2.13) bzw. 2.14) als Eigenwertproblem identifiziert. Angenommen, wir haben mit einem der üblichen numerischen Verfahren (siehe Anhang 2), eine Lösung für Eigenwert g_1 und den dazugehörigen Eigenwertvektor, den wir auf 1 normieren und zunächst mit $\underline{c}_1$ bezeichnen wollen ($\|\underline{c}_1\| = 1$), erhalten.

Wegen $g_1 = \sum_{i=1}^{p} l_{i1}^2 \ldots$ Max!, müssen wir für g_1 den größten

Eigenwert heranziehen. g_1 gibt uns damit die durch den ersten Faktor erklärte Varianz an. Der Wert g_1/p drückt dies als relativen Anteil aus.

Wir können dieses Verfahren auf die reduzierte Korrelationsmatrix $\underline{R}^* = \underline{R} - \underline{c}_1\, g_1\, \underline{c}_1'$ anwenden.
Der größte Eigenwert g_2 von $\underline{R}^*$ ist zugleich Eigenwert von $\underline{R}$ und gibt die erklärte Varianz an, die durch den zweiten Faktor erklärt wird. $\underline{R}^*$ wird dann weiter reduziert zu
$\underline{R}^{**} = \underline{R}^* - \underline{c}_2\, g_2\, \underline{c}_2'$.

Dieses Verfahren wird p mal durchgeführt, bis wir am Ende die Darstellung

2.17) $\quad \underline{R} = \underline{C}\ \underline{G}\ \underline{C}'$

erhalten. g_j/p gibt uns jeweils den erklärten Anteil an Varianz durch Faktor j an.

Um die gewünschte Darstellung $\underline{R} = \underline{L}\ \underline{L}'$ zu erhalten, müssen wir jede Spalte ($\underline{c}_1, \ldots \underline{c}_p$) von $\underline{C}$ mit $\sqrt{g_i}$ gewichten, sodaß wir als Ergebnis erhalten:

2.18) $\quad \underline{R} = \underline{L}\ \underline{L}'\ \text{mit}\ \underline{L} = \underline{C}\ \underline{G}^{\frac{1}{2}}$

34

Man beachte, daß durch die Orthogonalität von $\underline{L}$ mit $\underline{L}'\underline{L} = \underline{G}$
$\frac{p(p-1)}{2}$ lineare Restriktionen auf $\underline{L}$ gegeben sind, sodaß wir zusammen mit den $\frac{p(p+1)}{2}$ Bedingungen aus $\underline{P} = \underline{I}$, genau p^2 lineare
Restriktionen erhalten, die wir für eine eindeutige Lösung
verlangt haben.
Jede Lösung $\underline{L}'\underline{L} = \underline{G}$ mit $\underline{G}$ als <u>Diagonalmatrix</u> wird als <u>kanoni-
sche</u> Lösung bezeichnet.

Wir wollen die Hauptkomponentenmethode an einem Beispiel demonstrieren. Die Daten stammen aus einer empirischen Unter-
suchung der Motivlage und Determinanten der Kurswahl von 344
Teilnehmern der beruflichen Erwachsenenbildung am Berufsför-
derungsinstitut in Linz. (A r m i n g e r / N e m e l l a, '
1978).

Unter anderem wurde die Frage gestellt:
"Welche Eigenschaften sind in Ihrem Betrieb notwendig, um be-
ruflich aufzusteigen?". Auf einer fünfstufigen Skala (1 = be-
langlos, 2 = weniger wichtig, 3 = auch wichtig, 4 = wichtig,
5 = sehr wichtig) gemessen, ergaben sich für die verwendeten
neun Items folgende Korrelationen.
(Ungeachtet der Meßprobleme wurde zunächst der übliche Pro-
duktmomentkorrelationskoeffizient verwendet).

Tabelle 3: Korrelationsmatrix der Aufstiegsitems

	V1	V2	V3	V4
V1	1.000	0.563	0.541	0.464
V2	0.563	1.000	0.469	0.357
V3	0.541	0.469	1.000	0.437
V4	0.464	0.357	0.437	1.000
V5	0.138	0.137	0.198	0.039
V6	0.058	0.104	0.146	0.051
V7	0.167	0.059	0.263	0.271
V8	-0.014	-0.002	0.028	-0.012
V9	-0.034	-0.074	0.005	0.085

	V5	V6	V7	V8	V9
V1	o.138	o.o58	o.167	-o.o14	-o.o34
V2	o.137	o.1o4	o.o59	-o.oo2	-o.o74
V3	o.198	o.146	o.263	o.o28	o.oo5
V4	o.o39	o.o51	o.271	-o.o12	o.o85
V5	1.ooo	o.5o8	o.169	o.385	o.o37
V6	o.5o8	1.ooo	o.167	o.295	o.o14
V7	o.169	o.167	1.ooo	o.425	o.3o7
V8	o.385	o.295	o.425	1.ooo	o.3o5
V9	o.o37	o.o14	o.3o7	o.3o5	1.ooo

Itemsbezeichnung: V1 = fachliches Können

V2 = Leistung

V3 = Verläßlichkeit

V4 = persönliches Auftreten

V5 = Dienstalter

V6 = Lebensalter

V7 = Beziehungen

V8 = Parteibuch

V9 = Mitgliedschaft in betrieblichen Freizeitorganisationen

Die Hauptkomponentenlösung für diese Korrelationsmatrix wurde
mit Hilfe von SPSS gerechnet (N i e, 1975).
Das entsprechende FACTOR Statement lautet:
FACTOR VARIABLES = V1 TO V9/
        TYPE = PA1 / MINEIGEN = o.o
Es wurde also ohne Iterationen (PA1) und mit dem kleinsten
Eigenwert o gerechnet, sodaß alle Eigenwerte > o, in unserem
Fall k = p = 9, berechnet wurden.

Wir erhalten als Ergebnis:

Tabelle 4: Eigenwerte und Faktorladungsmatrix der Aufstiegs-
           items bei Hauptkomponentenlösung mit SPSS

FACTOR	EIGENVALUE	PCT OF VAR	CUM PCT
1	2.696	3o.o	3o.o
2	1.885	21.o	5o.4
3	1.279	14.2	65.1
4	o.682	7.6	72.7
5	o.64o	7.1	79.8
6	o.523	5.8	85.7
7	o.494	5.5	91.1
8	o.41o	4.6	95.7
9	o.386	4.3	1oo.o

	FACTOR 1	FACTOR 2	FACTOR 3	FACTOR 4
V1	o.727	-o.41o	o.oo3	o.148
V2	o.655	-o.398	-o.148	o.387
V3	o.751	-o.265	o.oo4	-o.o77
V4	o.639	-o.295	o.284	-o.311
V5	o.462	o.497	-o.517	o.o92
V6	o.396	o.482	-o.538	-o.144
V7	o.5o9	o.42o	o.456	-o.398
V8	o.33o	o.736	o.o94	o.125
V9	o.155	o.447	o.634	o.45o

	FACTOR 5	FACTOR 6	FACTOR 7	FACTOR 8	FACTOR 9
V1	-o.1o2	o.o18	-o.o88	o.418	-o.293
V2	-o.162	o.193	o.281	-o.1o8	o.289
V3	-o.o16	-o.499	-o.o24	-o.311	-o.1o9
V4	o.342	o.381	-o.2oo	-o.147	o.o18
V5	o.o57	-o.o78	-o.424	o.o91	o.252
V6	o.352	o.o37	o.388	o.o44	-o.145
V7	-o.252	-o.o97	o.171	o.2o4	o.229
V8	-o.376	o.244	-o.o67	-o.228	-o.256
V9	o.391	-o.12o	o.o26	o.o39	o.o17

Die Eigenwerte (Eigenvalue) sind der Größe nach geordnet. Der durch den Faktor an der Gesamtvarianz erklärte Anteil ist g_i/p_i z.B. für g_1 = 2.696/9 = 3o.o%. (Pct of var = percentage of variance). Diese Prozentsätze werden kumuliert und geben jeweils an, wie hoch der durch die j ersten Faktoren erklärte Prozentsatz ist. In unserem Fall werden durch die ersten drei Faktoren 65.1% der Varianz erklärt. Die Summe der Ladungsquadrate $h_i^2 = \sum_{j=1}^{p} l_{ij}^2$ in jeder Zeile muß jeweils 1 ergeben, die

Spaltensumme $g_j = \sum_{i=1}^{p} l_{ij}^2$ ergibt jeweils den entsprechenden Eigenwert.

Wir sehen, daß nur die ersten drei Eigenwerte $>$ 1 sind. Wenn wir die Faktoren gleichsetzen mit den Variablen, ist die erklärte Varianz für jede Variable i gleich der Kommunalität h_i^2 = 1. Wir können nun davon ausgehen, daß ein gemeinsamer Faktor zumindest gleich viel erklären soll wie eine einzelne Variable. Daher ist es sinnvoll, die Zahl k der gemeinsamen Faktoren so zu wählen, daß die erklärte Varianz $g_i > 1$ ist und die anderen Faktoren als spezifische Faktoren bzw. Meßfehler zu betrachten, soweit nicht inhaltliche Überlegungen dagegenstehen. Dies wird als Kaiser-Kriterium zur Festlegung der Faktorenzahl bezeichnet. Es bewirkt, daß nur Faktoren zugelassen werden, die einen größeren Beitrag zur Gesamtvarianz liefern als jede einzelne Variable. In diesem Fall ist k = 3, da $g_4 = 0.68261 < 1$ ist.

Zur ersten Interpretation ist es immer hilfreich, die Faktorladungen auf den Faktoren, die einen Großteil der Varianz erklären, aufzuzeichnen. Dies kann auch mit Hilfe der OPTIONS Anweisung in SPSS bei rechtwinkeligen Faktoren geschehen. Wir wollen dies für die ersten zwei Faktoren durchführen. Da $\underline{P} = \underline{I}$, sind die Ladungen zugleich Korrelationen der Items auf den Faktoren, können daher nur Werte aus $[-1,1]$ annehmen.

Bild 1: Graphische Darstellung der Ladungen der Aufstiegsvariablen auf den ersten beiden Faktoren

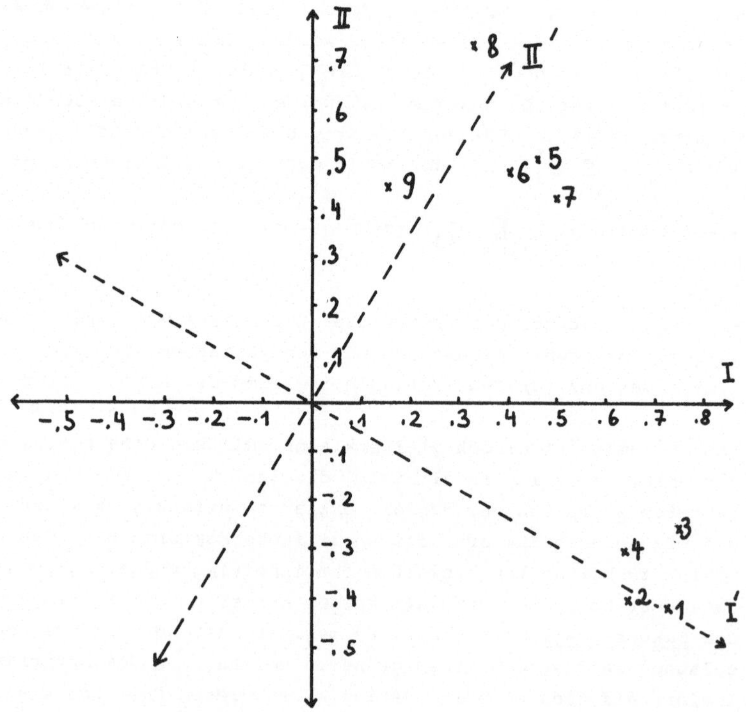

Bezogen auf Faktoren I und II bilden Item 1-4 eine Gruppe, und Items 5-7 eine Gruppe, während 8 und 9 etwas abseits der zweiten Gruppe liegen. Nehmen wir den Faktor III dazu, sehen wir, daß Item 7 auf diesem Faktor positiv lädt (o.456), während 5 und 6 negative Werte (-o.518, -o.538) annehmen. Es wäre daher falsch zu vermuten, daß Items 5,6 und 7 die gleiche zugrunde liegende Dimension aufweisen. Es ist daher immer empfehlenswert, zusätzliche Zeichnungen, etwa Faktor I und III, Faktor II und III, anzufertigen.

Wir haben die Ladungen so gewählt, daß der erste Faktor ein Maximum an Varianz erklärt. Dies hat zur Folge, daß die meisten Items auf Faktor I hoch laden. In der Zeichnung bedeutet dies, daß die Projektionen (Ladungen) der Punkte auf Faktor I in der Regel hohe Werte annehmen. Inhaltlich ist dies jedoch nicht sinnvoll. Da wäre es besser, den Faktor I so zu legen, daß Items 1-4 hoch auf I und niedrig auf II laden, bei den restlichen Items sollte es umgekehrt sein.Dies ist durch eine Drehung um ca. 3o° mit dem Uhrzeigersinn möglich (gestrichelte Linie). Wir könnten dann Faktor I' mit fachlichem Können, Leistung etc. identifizieren, während Faktor II' durch Dienstalter, Beziehungen etc., also Variablen, die außerhalb einer Person liegen, charakterisiert ist. (Man beachte, daß I' und II' ebenfalls zueinander orthogonal sind.) Allerdings haben wir im Moment nur die ersten beiden Faktoren berücksichtigt.

Bei der Ableitung der Hauptkomponentenmethode haben wir nur eine notwendige Bedingung berücksichtigt. Eine mathematisch exakte Herleitung findet sich in H a f n e r (1978).

2.2 Die Hauptfaktorenmethode

Die im folgenden vorgestellte Lösung wird häufig auch als
Hauptachsenlösung bezeichnet. Da aber die Hauptachsentransformation der linearen Algebra identisch ist mit der in 2.1
besprochenen Hauptkomponentenmethode, verwenden wir den Namen
Hauptfaktorenmethode. Bei der Hauptkomponentenmethode sind
wir davon ausgegangen, daß es nur gemeinsame Faktoren und
keine spezifischen Faktoren gibt, sodaß k = p. Wir kehren
jetzt zum ursprünglichen Modell

$\underline{x} = \underline{L}\,\underline{f} + \underline{u}$

mit k $<$ p zurück und wenden das Verfahren der Hauptkomponenten
auf $\underline{x} - \underline{u}$ und nicht auf $\underline{x}$ an.

Da $\underline{R} = \underline{L}\,\underline{L}' + \underline{U}^2$, wenn wir standardisierte x_i verwenden, bedeutet dies, daß wir die Eigenvektoren und Eigenwerte von
$\underline{R} - \underline{U}^2$ aufsuchen müssen. Da wir $\underline{U}^2$ nicht kennen, müssen wir
u_i^2 bzw. $h_i^2 = 1 - u_i^2$, also die Kommunalitäten, schätzen. Wir
werden darauf im nächsten Unterabschnitt zurückkommen.

Die Matrix $\underline{R} - \underline{U}^2$ ist zwar noch reell und symmetrisch, aber
nicht in jedem Fall positiv definit. Es können daher Eigen-
werte verschwinden oder negativ werden. Da - wie bei der
Hauptkomponentenmethode gezeigt wurde - die Eigenwerte, der
Größe nach geordnet, die von dem Faktor j bestimmte Varianz
angeben, sind für die Lösung nur Eigenwerte $g_j > 0$ zulässig.
Wir erhalten daher als obere Schranke für k die Anzahl der positiven Eigenwerte von $\underline{R} - \underline{U}^2$.

2.2.1 Kommunalitätenschätzung und Anzahl der Faktoren

Dem Problem der Schätzung von h_i^2, i = 1,...p wurde in der
Vergangenheit große Aufmerksamkeit geschenkt - man vergleiche
etwa H a r m a n (1967, S. 69 - 1o9) - wir werden uns nur
kurz damit befassen, da es unseres Erachtens bei weitem über-
schätzt wurde.

Wir geben zunächst einige Faustregeln, die keine tiefere theoretische Begründung aufweisen.

2.19) $\hat{h}_i^2 = \max_{\substack{1 \leq l \leq p \\ i \neq l}} |r_{il}|,$ $i = 1,2\ldots p$

        das ist der größte Korrelationskoeffizient dem Betrage

        nach in der i-ten Zeile von $\underline{R}$

2.2o) $\hat{h}_i^2 = r_{im}r_{il}/r_{ml},$ $i = 1,2\ldots p$

        wobei x_m und x_l die Variablen sind, die mit x_i am höch-

        sten korrelieren.

2.21) $\hat{h}_i^2 = \sum_{\substack{l=1 \\ i \neq l}}^{p} r_{il}/p-1$ $i = 1,2\ldots p$

        also das gewöhnliche Mittel der Korrelationskoeffizien-

        ten in der i-ten Zeile von $\underline{R}$

2.22) $\hat{h}_i^2 = \dfrac{p}{p-1} \left(\sum_{\substack{l=1 \\ l \neq i}}^{p} r_{il} \right)^2 / \sum_{\substack{l,m=1 \\ l \neq m}}^{p} r_{lm}$

        Die Quadratsumme der Korrelationskoeffizienten der i-ten

        Zeile wird durch die Gesamtsumme der r_{il} mit Ausnahme

        der Diagonalelemente dividiert.

Eine theoretische Begründung hat das nächste Schätzverfahren,

2.23) $\hat{h}_i^2 = r_{i.12..)i(\ldots p}^2,$ $i = 1,2\ldots p$

        $r_{i.2..)i(\ldots p}^2 =: r_{i.}^2$ ist der quadrierte multiple Korre-

        lationskoeffizient der Variablen x_i mit allen anderen

        Variablen $x_1 \ldots x_{i-1},\ x_{i+1} \ldots x_p$.

Es gilt nämlich

2.24) $r_{i.}^2 \leq h_i^2,$ $i = 1,2\ldots p$

$r_{i.}^2$ ist somit eine untere Schranke für die wahren Kommunalitäten h_i^2.

42

$r_{i.}^2$ läßt sich leicht berechnen, da gilt

2.25) $\quad r_{i.}^2 = 1 - 1/c_{ii}, \quad i=1,2\ldots p$

> mit c_{ii} als dem Diagonalglied von $\underline{C} = \underline{R}^{-1}$. (A n d e r - s o n , 1958, S. 32)

Da $r_{i.}^2$ eine untere Schranke für h_i^2 ist, ist die Anzahl der positiven Eigenwerte von $\underline{R} - \underline{\hat{U}}^2$ mit $\hat{u}_i^2 = 1 - r_{i.}^2$ eine untere Schranke für die Anzahl der Faktoren, die einen Anteil zur Erklärung der Gesamtvarianz leisten, und wird daher häufig als Kriterium für die Anzahl der relevanten Faktoren verwendet. Es wird als Guttman-Kriterium bezeichnet. Wir sehen, daß die Anzahl k der Faktoren und die Wahl von $\hat{h}_i^2$ eng zusammenhängen.

Ein weiteres Kriterium für die Anzahl der relevanten Faktoren ist das bereits in 2.1 erwähnte Kaiser-Kriterium, das alle Faktoren vernachlässigt, deren Eigenwert in der Hauptkomponentenlösung kleiner als 1 ist. Wir werden später noch zusätzliche Kriterien kennenlernen.

Bevor wir die nächste Methode der Schätzung der h_i^2 besprechen, leiten wir in einem kurzen Exkurs Gleichung 2.24) ab.

2.2.1.1 <u>Exkurs:</u> $r_{i.}^2$ <u>als untere Schranke für die Kommunalität</u>

Wir behaupten, $r_{i.}^2 \leqslant h_i^2$ für $i=1,2\ldots p$. Dies wurde zuerst von D w y e r (1939) bewiesen. Wir folgen der Darstellung von H a f n e r (1978).

Ohne Einschränkung der Allgemeinheit setzen wir i=1 und nehmen x_i, $i=1,\ldots p$ als standardisierte Variable an. Die Kleinste Quadrate Lösung für x_1 als abhängige und x_2, $x_3\ldots x_p$ als unabhängige Variable ergibt bekanntlich

$$x_1 = b_2 x_2 + b_3 x_3 + \ldots + b_p x_p + e_1 \quad \Longleftrightarrow \quad x_1 = \hat{x}_1 + e_1$$

mit e_1 als Fehlerglied und $b_2, \ldots b_p$ als Regressionskoeffizienten. $r_1.$ ist definiert als Korrelation zwischen x_1 und $\hat{x}_1$.

$$r_{1.}^2 = (E\ x_1 \hat{x}_1)^2 / E\ x_1^2\ E\ \hat{x}_1^2 = (E x_1 \hat{x}_1)^2 / E \hat{x}_1^2, \text{ da } E x_1^2 = 1.$$

Andererseits gilt wegen des Faktormodells
$\underline{x} = \underline{L}\underline{f} + \underline{u}$, also

$$x_1 = \sum_{j=1}^{k} l_{1j}\ f_j + u_1 \text{ und } x_i = \sum_{j=1}^{k} l_{ij}\ f_j + u_i, \quad i=2,\ldots p$$

Somit folgt aus den Annahmen der Faktorenanalyse und aus

$$\hat{x}_1 = \sum_{l=2}^{p} b_l\ x_l \text{ sowie}$$

$$\hat{x}_1 = \sum_{j=1}^{k} c_j\ f_j + \sum_{l=2}^{p} b_l u_l \text{ mit } c_j = \sum_{l=2}^{p} b_l\ l_{1j}$$

$$(E\ x_1\ \hat{x}_1)^2 = (\sum_{j=1}^{k} l_{1j}\ c_j)^2$$

$$E\ \hat{x}_1^2 = \sum_{j=1}^{k} c_j^2 + \sum_{l=2}^{p} b_l^2\ u_l^2 = \sum_{j=1}^{k} c_j^2 + d \text{ mit } d = \sum_{l=2}^{p} b_l^2\ u_l^2$$

Wegen der Cauchy Schwarz'schen Ungleichung gilt

$$(\sum_{j=1}^{k} l_{1j}\ c_j)^2 \leqslant \sum_{j=1}^{k} l_{1j}^2\ \sum_{j=1}^{k} c_j^2 \text{ und daraus folgt}$$

$$r_{1.}^2 = (\sum_{j=1}^{k} l_{1j}\ c_j)^2 / (\sum_{j=1}^{k} c_j^2 + d) \leqslant \sum_{j=1}^{k} l_{1j}^2$$

$$\sum_{j=1}^{k} l_{1j}^2 = h_1^2 \text{ und somit } r_{1.}^2 \leqslant h_1^2$$

2.2.2 Die iterative Methode der Hauptfaktorenlösung

Die Zahl k der verwendeten Faktoren wird entweder durch inhaltliche Überlegungen, oder durch eines der oben genannten Kriterien nach K a i s e r oder G u t t m a n festgelegt. Der Iterationsprozeß läuft nun so ab.

1. Schritt: $\underline{\hat{H}}^2 = \underline{I} - \underline{\hat{U}}^2$ wird durch eine der oben angeführten Methoden - bevorzugt durch $\hat{h}_i^2 = r_{i.}^2$ - geschätzt. Diese Schätzung bezeichnen wir mit $\underline{U}_q^2$. Der Zähler q wird auf 1 gesetzt.

2. Schritt: Das Eigenwertproblem

$$(\underline{R} - \underline{U}_q^2)\ \underline{C}_q = \underline{C}_q\ \underline{G}_q$$

mit $\underline{C}_q$ als pxk Matrix der normierten Eigenvektoren und $\underline{G}_q$ der kxk Diagonalmatrix der Eigenwerte wird mit einem der üblichen Verfahren gelöst.

3. Schritt: Durch Gewichtung werden die Ladungsmatrizen berechnet.

$$\underline{L}_q = \underline{C}_q\ \underline{G}_q^{\frac{1}{2}}$$

4. Schritt: Die neuen Kommunalitäten werden berechnet

$$\hat{h}_{i(q+1)}^2 = \sum_{j=1}^{k} l_{ij}^2 \text{ mit } l_{ij} \text{ Element aus } \underline{L}_q.$$

Der Zähler q wird um 1 erhöht. Man geht in Schritt 2 ein.

Dieses Verfahren wird solange fortgesetzt, bis sich $\hat{h}_{i(q+1)}^2$ und $\hat{h}_{iq}^2$ für alle i=1,2...p nur noch um einen kleinen Betrag ε höchstens unterscheiden (z.B. wählt man ε = 0.0001).

Die Konvergenz dieses Verfahrens ist nicht bewiesen, jedoch praktisch erprobt. Die Konvergenzgeschwindigkeit ist sehr langsam, ebenso läßt die numerische Stabilität zu wünschen übrig. Wir werden daher später eine Modifikation des Verfahrens angeben, die numerisch erheblich bessere Eigenschaften hat.

Wir illustrieren an unserem Beispiel aus Tabelle 3 zunächst die Methode der Kommunalitätenschätzung durch $\hat{h}_i^2 = r_{i.}$. Die Berechnung wurde wiederum mit SPSS durchgeführt.

Das entsprechende FACTOR Statement lautet.

```
FACTOR      VARIABLES = V1 TO V9/
            TYPE = PA2 / ITERATE = 1
```

In SPSS wird zunächst eine Hauptkomponentenlösung berechnet. Die Zahl k der berechneten Faktoren wird als default Annahme gleich der Anzahl der Eigenwerte $g_j > 1$ gesetzt. Dies führt in unserem Fall zu k = 3

Tabelle 5: Quadrierte multiple Korrelationskoeffizienten $r_{i.}^2$, Eigenwerte und Faktorladungsmatrix der Hauptfaktorenlösung ohne Iteration

VARIABLE	EST COMMUNALITY $(r_{i.}^2)$	VARIABLE	EST COMMUNALITY $(r_{i.}^2)$
V1	o.456	V6	o.279
V2	o.373	V7	o.316
V3	o.4o3	V8	o.35o
V4	o.31o	V9	o.153
V5	o.345		

FACTOR	EIGENVALUE	PCT OF VAR	CUM PCT
1	2.o69	53.9	53.9
2	1.216	31.7	85.6
3	o.551	14.4	1oo.o

	FACTOR 1	FACOR 2	FACTOR 3
V1	o.673	-o.327	-o.006
V2	o.586	-o.3oo	-o.123
V3	o.674	-o.192	o.oo4
V4	o.551	-o.212	o.196
V5	o.388	o.432	-o.354
V6	o.321	o.399	-o.338
V7	o.422	o.35o	o.345
V8	o.267	o.611	o.o95
V9	o.112	o.31o	o.36o

Die Lösung von $(\underline{R} - \underline{U}^2)\,\underline{C} = \underline{C}\,\underline{G}$ führt mit $\hat{h}_i^2 = r_i^2.$ tatsächlich nur zu drei Eigenwerten $>$ o, der vierte Eigenwert ist -o.263 und daher nicht mehr verwendbar.

Die insgesamt durch die ersten drei Faktoren erklärte Varianz ergibt sich durch Summation der positiven Eigenwerte.

$$\sum_{j=1}^{3} g_j = 2.069 + 1.216 + 0.551 = 3.836.$$ Dieser Wert kann, da er aus der Matrix $\underline{R} - \underline{U}^2$ entsteht, nicht mehr zu tr $\underline{R} = p = q$ in Beziehung gesetzt werden wie bei der Hauptkomponentenlösung. Für den Anteil an erklärter Varianz ist nur die Hauptkomponentenlösung zu verwenden.

Durch Iteration kann die obige Lösung, die wir als Ausgangslösung verwenden, wesentlich verbessert werden - die Kommunalitäten werden erhöht.

Tabelle 6: Geschätzte Kommunalitäten, Eigenwerte und Faktorladungsmatrix der Hauptfaktorenlösung mit Iteration

VARIABLE	COMMUNALITY	VARIABLE	COMMUNALITY
V1	o.627	V6	o.377
V2	o.464	V7	o.538
V3	o.514	V8	o.499
V4	o.396	V9	o.248
V5	o.67o		

FACTOR	EIGENVALUE	PCT OF VAR	CUM PCT
1	2.215	51.1	51.1
2	1.385	31.9	83.o
3	o.736	17.o	1oo.o

	FACTOR 1	FACTOR 2	FACTOR 3
V1	o.692	-o.383	-o.o16
V2	o.581	-o.329	-o.13o
V3	o.679	-o.229	o.oo5
V4	o.545	-o.245	o.195
V5	o.453	o.5o3	-o.459
V6	o.339	o.397	-o.321
V7	o.461	o.352	o.449
V8	o.296	o.626	o.14o
V9	o.12o	o.297	o.38o

Wir haben häufig festgestellt, daß die in SPSS angenommene
Zahl von 25 Iterationen nicht ausreicht. Daher haben wir folgendes FACTOR Statement verwendet.
FACTOR VARIABLES = V1 TO V9
        TYPE = PA2 /ITERATE = 5o
Konvergenz wurde in diesem Fall nach 26 Iterationen erreicht.
Im Vergleich zur Lösung ohne Iterationen haben sich die Kommunalitäten merklich erhöht, die Faktorladungen haben sich
ab der zweiten Kommastelle verändert, die Vorzeichen sind
gleich geblieben. Etwas größer ist die Veränderung gegenüber
der Hauptkomponentenmethode. Die inhaltliche Interpretation
bleibt jedoch gleich.

Wenn wir die Faktorladungen aus Tab. 5 und Tab. 6 mit den
Faktorladungen der Tab. 4 aus der Hauptkomponentenlösung ver-
gleichen, stellen wir fest, daß die Ladungen der Hauptkomponentenlösung in den ersten drei Faktoren dem Betrage nach immer größer sind. Dies hängt damit zusammen, daß $h_i^2 = 1$,
$i = 1,...p$ gesetzt wird. Da $h_i^2 = \sum_{j=1}^{k} l_{ij}^2$ und der Varianzanteil
zunächst für den ersten Faktor, dann für den zweiten Faktor
usw. maximiert wird, müssen die Ladungen im Mittel größer ausfallen als bei der Hauptfaktorenmethode, bei der $h_i^2 \leqslant 1$ angenommen wird. Die Differenz wird umso größer ausfallen, je
kleiner die Kommunalitäten h_i^2 geschätzt oder berechnet werden.
Da bei der iterierten Methode die Kommunalitäten erhöht wer-

den, sind die Ladungen (Vgl. Tab. 6) im Mittel dem Betrage
nach größer als bei der Berechnung ohne Iteration.

Die bis jetzt dargestellten Verfahren, eine direkte Lösung zu
finden, sind die weitaus am häufigsten verwendeten Kalküle.
Sie bieten den Vorteil, daß keine Annahmen über die Verteilung der Daten getroffen werden, und sie geben einfache Kriterien zur Wahl der Zahl der Faktoren an, wenn keine inhaltlichen Hypothesen über die Faktorenzahl vorliegen. Wie in Abschnitt 2.4 gezeigt wird, erfüllt die iterative Hauptfaktorenmethode für $\underline{R}$ auch die Eigenschaften einer Kleinsten Quadrate Lösung, sodaß sie auch vom statistischen Standpunkt be-
friedigend ist.

2.3 R- und Q-Technik und das Theorem von E c k a r t und Y o u n g

Wir sind bisher immer von der Forderung ausgegangen, eine
Zahl p von Variablen auf k gemeinsame Faktoren zu reduzieren.
Dies bezeichnet man als R-Technik. Andererseits kann man auch
N Elemente (z.B. Personen, Gemeinden, etc.) auf k zugrundeliegende Typen zurückführen wollen. Die p Variablen werden
dann als Stichprobe aus einer Grundgesamtheit von Variablen
aufgefaßt.

Es wird also die NxN-Kovarianz bzw. Korrelationsmatrix

2.26) $\quad \underline{S}_Q = \frac{1}{p} \underline{X}' \, \underline{X} - \bar{\underline{x}}' \, \bar{\underline{x}}$ faktorisiert

$\quad \bar{\underline{x}}' = $ Nx1-Mittelwertvektor mit $\bar{\underline{x}} = (\bar{x}_1, \ldots \bar{x}_h, \ldots \bar{x}_N)$ und

$$\bar{x}_h = \frac{1}{p} \sum_{i=1}^{p} x_{ih}$$

$\quad \underline{X} = $ pxN-Datenmatrix

Dies wird als Q-Technik bezeichnet.

$\underline{S}_Q$ weist maximal den Rang p auf, da bekanntlich Rg (A . B) =
min (Rg A, Rg B). $\underline{S}_Q$ ist in der Regel außerordentlich groß

(z.B. für N = 3oo) und kann daher auch im Computer nur schwer faktorisiert werden. Dieser Schwierigkeit kann durch das Theorem von E c k a r t und Y o u n g (1936) begegnet werden. Dieses besagt, daß jede reelle axb-Matrix $\underline{A}$ vom Rang k dargestellt werden kann durch

2.27) $\quad \underline{A} = \underline{C} \; \underline{G}^{\frac{1}{2}} \; \underline{D}'$

mit $\underline{C}$ als den k ax1 Eigenvektoren, die zu den k positiven Eigenwerten von $\underline{A} \, \underline{A}'$ gehören und $\underline{D}$ als den k bx1 Eigenvektoren, die zu den k positiven Eigenwerten von $\underline{A}'\underline{A}$ gehören. Die Eigenwerte $\underline{G} = (g_1 \; \dots \; g_k)$ sind in beiden Matrizen $\underline{A} \, \underline{A}'$ und $\underline{A}'\underline{A}$ gleich. Der Beweis ist bei Z u r m ü h l (1964, S.215) angegeben.

Daraus folgt, daß die pxN-Datenmatrix der auf Mittelwert O standardisierten Variablen $\underline{X}$ dargestellt werden kann mit

2.28) $\quad \underline{X} = \underline{C} \; \underline{G}^{\frac{1}{2}} \; \underline{D}'$
  mit

2.29) $\quad N.\underline{S} = \underline{X} \, \underline{X}' = \underline{C} \; \underline{G} \; \underline{C}'$
  $\quad p \, \underline{S}_Q = \underline{X}'\underline{X} = \underline{D} \; \underline{G} \; \underline{D}' = \underline{L}_Q \; \underline{L}'_Q \; \text{mit} \; \underline{L}_Q = \underline{D} \; \underline{G}^{\frac{1}{2}}$

Die Faktorladungen von $p \, \underline{S}_Q$ sind $\underline{L}_Q$. Die Faktorladungen der Kovarianzmatrix $\underline{S}_Q$ sind dann in

$p^{-\frac{1}{2}} \, \underline{L}_Q$ enthalten.

Es werden jeweils alle positiven Eigenwerte berechnet.
Die anderen Eigenwerte sind O.
Gesucht ist $\underline{L}_Q$. Dazu ist es notwendig, $\underline{D}$ zu berechnen. Dies erreichen wir leicht durch folgende Überlegung.

2.3o) $\quad \underline{X} = \underline{C} \; \underline{G}^{\frac{1}{2}} \; \underline{D}' \Rightarrow \; , \; \text{da} \; \underline{C}' \; \underline{C} = \underline{I}_k \; \text{und} \; \underline{G} \; \text{diagonal}$

$\quad \underline{D}' = \underline{G}^{-\frac{1}{2}} \; \underline{C}' \; \underline{X} \; \text{bzw.}$

$$\underline{D} = \underline{X}' \ \underline{C} \ \underline{G}^{-\frac{1}{2}}$$

Da $\underline{L}_Q = \underline{D} \ \underline{G}^{\frac{1}{2}}$ erhalten wir

2.31) $\underline{L}_Q = \underline{X}' \ \underline{C}$

Das Problem der Faktorisierung der NxN-Matrix $\underline{S}_Q$ ist damit
auf die Faktorisierung der pxp-Matrix $\underline{S}$, die in der Regel wesentlich kleiner ist, zurückgeführt. R und Q-Technik sind damit ineinander übergeführt.

Bei der Q-Technik wird die im ersten Kapitel ausgeprochene Be-
zugsgruppenabhängigkeit der faktorenanalytischen Ergebnisse
besonders deutlich.
Die Typisierung der N Elemente (z.B. Personen) durch Faktorladungen erfolgt nämlich nur bezüglich der p ausgewählten Variablen. Bei anderer Variablenauswahl ergeben sich unter Umständen völlig andere Typisierungen.
Die in diesem Kapitel vorgeführte Zerlegung von Matrizen
spielt auch in anderen Anwendungen in den Humanwissenschaften
eine bedeutende Rolle, insbesondere bei der Überprüfung der
Isometrie einer Schar von Skalen (S i x t l , (1976), S. 3o)
und in der multidimensionalen Skalierung (C a r r o l l und
C h a n g, 197o).

2.4 Die Methode der minimalen Residuen

In den nächsten Abschnitten von Kapitel 2 werden Alternativen
zur Hauptfaktorenmethode dargestellt. Bei diesen Alternativen
werden bestimmte Annahmen getroffen, die etwas unterschiedliche Lösungsalgorithmen im Vergleich zu den bisher behandelten
Verfahren ergeben. Der Anfänger kann beim ersten Lesen diese
Teile überschlagen. Erst bei der Herleitung der Maximum Likelihood Lösung der konfirmatorischen Faktorenanalyse empfiehlt

es sich, auf 2.6 zurückzugreifen.

In diesem Abschnitt wird gezeigt, daß die iterative Hauptfaktorenmethode für $\underline{R}$ zu einer Kleinsten Quadrate Lösung des Faktorproblems äquivalent ist.

H a r m a n   und   J o n e s (1966) haben folgende Überlegung
angestellt. Bei gegebenem k sollen die Elemente von $\underline{L}$ so gewählt werden, daß die Summe der Quadrate der Abweichungen zwi-
schen ursprünglicher Matrix $\underline{R}$ und reproduzierter Matrix $\underline{L}\,\underline{L}'$
mit Ausnahme der Diagonalelemente minimal wird. Sie wird als
Minres (acronym für minimal residues) Methode bezeichnet. Es
soll

$$2.32) \quad Q = \sum_{\substack{i=1 \\ i \neq l}}^{p} \sum_{l=1}^{p} \left(r_{il} - \sum_{j=1}^{k} l_{ij}\, l_{lj} \right)^2$$

unter der Nebenbedingung $h_i^2 = \sum_{j=1}^{k} l_{ij}^2 \leqslant 1$
minimiert werden.

2.32) läßt sich in Matrixform vereinfacht schreiben.
Die euklidische Norm $\|\underline{A}\|$ einer mxn Matrix $\underline{A}$ ist definiert
durch:

$$2.33) \quad \|\underline{A}\|^2 = \sum_{i=1}^{m} \sum_{j=1}^{n} a_{ij}^2 = \operatorname{tr} \underline{A}'\underline{A}$$

Wir setzen $\underline{A} = \underline{R} - \underline{I} - (\underline{L}\,\underline{L}' - \operatorname{diag} \underline{L}\,\underline{L}')$ und erhalten für
Q in 2.32)

$$2.34) \quad Q = \|\underline{R} - \underline{I} - (\underline{L}\,\underline{L}' - \operatorname{diag} \underline{L}\,\underline{L}')\|^2$$

H a r m a n (1967, S. 19o) gibt ein iteratives Verfahren zur
Lösung von 2.32) an, das besonders im sogenannten Heywoodfall,
d.h. die aus der Lösung $\hat{\underline{L}}$ berechneten Kommunalitäten

$$\hat{h}_i^2 = \sum_{j=1}^{k} \hat{l}_{ij}^2 \qquad \text{sind größer als 1, eher umständlich wird.}$$

Eine ebenfalls iterative, aber wesentlich kürzere Lösung schlägt H a f n e r (1978) vor.

Wir gehen hier zum Zweck der Vereinheitlichung einen anderen Weg und zeigen, daß die <u>Minres Methode</u> bei Vorliegen einer <u>ka-nonischen Lösung</u> identisch mit der <u>iterierten Hauptfaktoren-methode</u> für $\underline{R}$ ist. Wir beobachten zunächst, daß $\underline{H}^2 = \text{diag } \underline{L}\,\underline{L}'$ ist und 2.34) daher umgeformt werden kann zu

$$2.35) \quad Q = \|\,\underline{R} - \underline{U}^2 - \underline{L}\,\underline{L}'\,\|^2 \ \ldots \ \text{Min!}$$

Die Anwendung eines allgemeinen Satzes von K e l l e r (1962) zeigt, daß Q genau dann ein Minimum wird, wenn folgendes Eigenwertproblem gelöst wird.

$$2.36) \quad (\underline{R} - \underline{U}^2)\,\underline{C} = \underline{C}\,\underline{G} \ \text{mit} \ \underline{C}'\underline{C} = \underline{I}$$

$$\underline{L} = \underline{C}\,\underline{G}^{\frac{1}{2}}$$

$$\underline{U}^2 = \underline{I} - \text{diag } \underline{L}\,\underline{L}'$$

2.36) ist jedoch <u>identisch</u> mit dem <u>Eigenwertproblem</u> der <u>Haupt-faktorenmethode</u> und wird daher in gleicher Weise aufgelöst.

Hat man nur die bisher aufgezeigte Möglichkeit der iterativen Lösung, bringt diese Darstellung keinen Vorteil im Vergleich zu den Methoden, auf die oben hingewiesen wurde. Dies ist je-doch der Fall, wenn wir das in 2.7 gezeigte Iterationsverfah-ren anwenden.

2.4.1 Exkurs: Die Minimierung von $\|\,\underline{R} - \underline{U}^2 - \underline{L}\,\underline{L}'\,\|^2$

Wir geben hier eine vereinfachte und gekürzte Beweisskizze des Beweises von K e l l e r (1962).

Sei $\underline{A} = \underline{R} - \underline{U}^2 = \underline{L}\,\underline{L}'$ mit Rang von $\underline{L} = k \leqslant$ Rang $\underline{A}$.

Die Matrix der Fehler ist definiert durch $\underline{E} = \underline{A} - \underline{L}\,\underline{L}'$
Zu minimieren ist $Q = \operatorname{tr} \underline{E}'\underline{E}$

Notwendige Bedingung ist das Verschwinden der ersten Ableitung. Differenzieren und Schreiben in Matrixform ergibt (Rechenregeln zum Differenzieren von Matrizen sind in Anhang 4 angeführt):

$$\partial Q/\partial \underline{L} = 2\,\underline{E}\,\underline{L}' = 2(\underline{A} - \underline{L}\,\underline{L}')\,\underline{L} = \underline{O} \implies \underline{A}\,\underline{L} = \underline{L}\,\underline{L}'\underline{L}$$

Da $\underline{L}$ von vollem Spaltenrang ist, ist $\underline{L}'\underline{L} = \underline{G}$ invertierbar und symmetrisch, somit gilt

$$\underline{A}\,\underline{L} = \underline{L}\,\underline{G} \text{ und } \underline{L} = \underline{A}\,\underline{L}\,\underline{G}^{-1} \text{ und } \underline{E} = \underline{A}(\underline{I} - \underline{L}\,\underline{G}^{-1}\,\underline{L}')$$

Wir erhalten daher
$$\operatorname{tr} \underline{E}'\underline{E} = \operatorname{tr} \underline{E}\,\underline{E}' = \operatorname{tr} \underline{A}(\underline{I} - \underline{L}\,\underline{G}^{-1}\,\underline{L}')^2\,\underline{A}'$$

Da $(\underline{I} - \underline{L}\,\underline{G}^{-1}\,\underline{L}')^2 = \underline{I} - \underline{L}\,\underline{G}^{-1}\,\underline{L}'$, ist
$$\operatorname{tr} \underline{E}\,\underline{E}' = \operatorname{tr} \underline{A}\,\underline{A}' - \operatorname{tr} \underline{A}\,\underline{L}\,\underline{G}^{-1}\,\underline{L}'\underline{A}' =$$
$$= \operatorname{tr} \underline{A}\,\underline{A}' - \operatorname{tr} \underline{L}\,\underline{G}\,\underline{G}^{-1}\,\underline{G}\,\underline{L}', \text{ da } \underline{A}\,\underline{L} = \underline{L}\,\underline{G}$$
$$= \operatorname{tr} \underline{A}\,\underline{A}' - \operatorname{tr} \underline{G}^2.$$

Da $\underline{A}$ symmetrisch ist, ist $\operatorname{tr} \underline{A}\,\underline{A}' = \operatorname{tr} \underline{A}^2$. Die Eigenwerte von $\underline{A}^2$ sind die Quadrate der Eigenwerte von $\underline{A}$.
Somit gilt

$$\operatorname{tr} \underline{A}\,\underline{A}' = \operatorname{tr} \underline{A}^2 = \sum_{i=1}^{p} c_i^2, \quad c_i \text{ sind die Eigenwerte von } \underline{A} \text{ und } \underline{A}$$

ist vom Rang p.
Daraus folgt, daß $Q = \operatorname{tr} \underline{E}\,\underline{E}'$ genau dann minimiert wird, wenn $\underline{G}$ eine Diagonalmatrix mit den k größten Eigenwerten von $\underline{A}$ ist, somit $c_j = g_j$, $j=1,2\ldots k$ gilt.

2.5 <u>Alpha Faktorenanalyse</u>

In der bisherigen Betrachtung haben wir außer acht gelassen,
daß wir im allgemeinen nicht die Korrelationsmatrix der Grundgesamtheit zur Verfügung haben, sondern nur eine Stichprobe
daraus.

Zum anderen haben wir bis jetzt immer nur die Korrelationsma-
trix $\underline{R}$ bzw. $\underline{R} - \underline{U}^2$ faktorisiert. Bei der Hauptkomponentenlösung haben wir Gleichung

2.17) $\quad \underline{R} = \underline{C}\,\underline{G}\,\underline{C}'$

erhalten wir mit $\underline{C}$ als pxp Matrix der Eigenvektoren und $\underline{G}$ als
pxp Diagonalmatrix der Eigenwerte. Die Vektoren von $\underline{C}$ sind
orthonormiert, d.h. $\underline{C}'\underline{C} = \underline{I}$.
Die gewichteten Ladungsmatrizen $\underline{L} = \underline{C}\,\underline{G}^{\frac{1}{2}}$ bilden das faktoren-
analytische Modell mit

$$\underline{R} = \underline{L}\,\underline{L}' \text{ und } \underline{x} = \underline{L}\,\underline{f} \text{ mit } E\,\underline{f}\,\underline{f}' = \underline{I}$$

$\underline{f}$ ist der px1 Vektor der voneinander unabhängigen standardisierten Hauptkomponenten.

Setzen wir für $\underline{L} = \underline{C}\,\underline{G}^{\frac{1}{2}}$, erhalten wir

$$\underline{x} = \underline{C}\,\underline{G}^{\frac{1}{2}}\,\underline{f} \Rightarrow \underline{x} = \underline{C}\,\underline{f}^*$$

wobei $\underline{f}^*$ der px1 Vektor der voneinander unabhängigen Hauptkomponenten mit Varianzen g_j^2, j=1,2...p ist, also gilt

2.37) $\quad E\,\underline{f}^*\,\underline{f}'^* = \underline{G}$

Wenn wir jetzt $\underline{x}$ verschieden skalieren, indem wir mit zwei
unterschiedlichen Diagonalmatrizen von Standardabweichungen
$\underline{V}_1$ und $\underline{V}_2$ gewichten, erhalten wir unterschiedliche Hauptkomponenten.

55

Sei $\underline{y}_1 = \underline{V}_1\underline{x} = \underline{C}_1\,\underline{f}_1^*$, dann ist

$$E\,\underline{y}_1\,\underline{y}_1' = \underline{V}_1\,E\,\underline{x}\,\underline{x}'\underline{V}_1 = \underline{V}_1\,\underline{C}\,\underline{G}\,\underline{C}'\underline{V}_1 = \underline{C}_1\,\underline{V}_1\,\underline{G}\,\underline{V}_1\,\underline{C}_1$$

mit $\underline{C}_1'\,\underline{C}_1 = \underline{I}$. Daraus folgt, daß $E\,\underline{f}_1^*\,\underline{f}_1^{*'} = \underline{V}_1^2\,\underline{G}$.

Für $y_2 = \underline{V}_2\,\underline{x}$ ergibt sich analog, daß $E\,\underline{f}_2^*\,\underline{f}_2^{*'} = \underline{V}_2^2\,\underline{G}$.
Die Hauptkomponenten sind also nicht invariant gegenüber einer
Skalierung von $\underline{x}$.

Dies gilt ebenso für die Hauptfaktoren- und die Minres Methode, bei der die Hauptkomponentenlösung auf den durch die
gemeinsamen Faktoren erklärten Teil von $\underline{x}$ angewendet wird.
Die in den folgenden Abschnitten verwendeten Methoden berücksichtigen sowohl die wünschenswerte Invarianz gegenüber einer
Skalierung von $\underline{x}$, als auch - in gewissem Sinn - die Tatsache,
daß wie eine Stichprobe vorliegen haben.

K a i s e r und C a f f r e y (1965) gehen von der Überlegung aus, daß die pxN Matrix $\underline{X}$ der beobachteten Meßwerte zwar
eine Grundgesamtheit der N Elemente (in der Regel Personen)
darstellt, nicht aber die Grundgesamtheit der möglichen Variablen. Den Schluß von der Teilmenge der p Variablen auf die
Grundgesamtheit aller möglichen Variablen bezeichnen sie als
psychometrische Inferenz - im Gegensatz zur später zu be-
handelnden statistischen Inferenz.

Sie $\underline{x}$ wiederum ein standarsisierter px1 Zufallsvektor. An
Stelle der üblichen Schreibweise der Faktorenanalyse
$\underline{x} = \underline{L}\,\underline{f} + \underline{u}$ setzen wir $\underline{x} = \underline{c} + \underline{u}$ mit $\underline{c} = \underline{Lf}.\underline{c}$ ist der durch
die gemeinsamen Faktoren erklärte Teil von $\underline{x}$. Ist $\underline{L}$ eine pxk
Ladungsmatrix mit Rang $\underline{L} = k$ und $\underline{f}$ der kx1 Vektor der gemeinsamen Faktoren, läßt sich $\underline{f}$ darstellen durch

$$2.38)\quad \underline{f} = (\underline{L}'\underline{L})^{-1}\underline{L}'\underline{c}$$

$(\underline{L}'\underline{L})^{-1}$ existiert immer, da Rang $\underline{L} = k$.
Sei $\underline{W}$ die kxp-Matrix $\underline{W}: = (\underline{L}'\underline{L})^{-1} \underline{L}'$.

f_j läßt sich dann darstellen durch

$$2.39) \quad f_j = \sum_{i=1}^{p} w_{ji}\, c_i$$

Dieser gemeinsame Faktor f_j wird vom psychometrischen Standpunkt aus als Annäherung durch p Variable an den wahren gemeinsamen Faktor ψ_j aufgefaßt, der eine gewichtete Linearkombination der gemeinsamen Teile c_i aller möglichen Variablen
x_i, i=1,2...$^\infty$ der Variablengrundgesamtheit ist.

$$2.4o) \quad \psi_j = \sum_{i=1}^{\infty} w_{ji}\, c_i$$

Die f_j sollen nun so bestimmt werden, daß f_j und ψ_j maximal
korrelieren. Als Korrelationskoeffizient für diesen Fall ist
am besten Cronbach's α geeignet, das für die gegebene Problem-
stellung folgende Form annimmt. Die Gewichte w_i, i=1,2...p
mit $\underline{w}' = (w_1,...w_p)$ sollen so gewählt werden, daß

$$2.41) \quad \alpha = (\tfrac{p}{p-1})\,(1 - \underline{w}'\,\underline{H}^2\,\underline{w}/\underline{w}'\,(\underline{R} - \underline{U}^2)\underline{w})$$

maximal wird.
($\underline{H}^2$ ist wieder die Diagonalmatrix der Kommunalitäten,
 $\underline{R}$ die Korrelationsmatrix und $\underline{U}^2 = \underline{I} - \underline{H}^2$.)

Zur Herleitung von α vergleiche man C r o n b a c h (1951)
sowie C r o n b a c h u.a. (1963).
Maximieren von α ist gleichbedeutend mit Minimieren von

$$2.42) \quad t = \underline{w}'\,\underline{H}^2\,\underline{w}/\underline{w}'\,(\underline{R} - \underline{U}^2)\,\underline{w}$$

Partielles Differenzieren nach $\underline{w}$ und Nullsetzen der ersten Ableitung ergibt:

2.43) $\dfrac{\partial t}{\partial \underline{w}} = 2 \left[\underline{H}^2 \; \underline{w}(\underline{w}' (\underline{R} - \underline{U}^2) \; \underline{w}) - (\underline{R} - \underline{U}^2) \; \underline{w} \; (\underline{w}'\underline{H}^2\underline{w}) \right] = \underline{0}$

Dividieren durch $\underline{w}' (\underline{R} - \underline{U}^2) \; \underline{w}$ und 2.42) ergeben

2.44) $\underline{H}^2\underline{w} - t(\underline{R} - \underline{U}^2) \; \underline{w} = \underline{0}$

Mit $g = \dfrac{1}{t}$ erhalten wir

2.45) $(\underline{R} - \underline{U}^2) \; \underline{w} - g\underline{H}^2\underline{w} = \underline{0}$

2.45) ist ein allgemeines Eigenwertproblem, das sich durch die Transformation $\underline{c} = \underline{H}\underline{w}$ auf das uns bekannte einfache Eigenwertproblem zurückführen läßt. $\underline{w} = \underline{H}^{-1}\underline{c}$ und Vormultiplikation mit $\underline{H}^{-1}$ erzeugt

2.46) $\underline{H}^{-1} (\underline{R} - \underline{U}^2) \; \underline{H}^{-1} \; \underline{c} - g.\underline{c} = \underline{0}$

Die Matrix, deren Eigenwerte und Eigenvektoren bestimmt werden müssen, ist $\underline{H}^{-1} (\underline{R} - \underline{U}^2) \; \underline{H}^{-1}$. Die Lösung für k Eigenwerte ergibt

2.47) $\underline{H}^{-1} (\underline{R} - \underline{U}^2) \; \underline{H}^{-1} \; \underline{C} = \underline{C} \; \underline{G}$ mit $\underline{C}'\underline{C} = \underline{I}$

$\underline{C}$ ist die pxk-Matrix von Eigenvektoren und $\underline{G}$ die Diagonalmatrix der Eigenwerte.
Um zu den gewichteten Faktorladungsmatrizen $\underline{L}$ des Fundamentaltheorems $\underline{R} - \underline{U}^2 = \underline{L} \; \underline{L}'$ zu kommen, rechnen wir noch

2.48) $\underline{L} = \underline{H} \; \underline{C} \; \underline{G}^{\frac{1}{2}}$, da $\underline{R} - \underline{U}^2 = \underline{H} \; \underline{C} \; \underline{G} \; \underline{C}'\underline{H}$

Aus 2.47) und 2.48) folgt

2.49) $\underline{H}^2 = \text{diag} \; \underline{L} \; \underline{L}'$ und

$$\underline{L}'\underline{H}^{-2} \; \underline{L} = \underline{G}^{\frac{1}{2}} \; \underline{C}'\underline{H} \; \underline{H}^{-2} \; \underline{H} \; \underline{C} \; \underline{G}^{\frac{1}{2}} = \underline{G},$$

also eine Diagonalmatrix, wodurch eine kanonische Lösung
gesichert ist.

Man beachte, daß $\underline{U}^2$ genau wie bei den anderen Verfahren bei
gegebenem k geschätzt werden muß. Daher bietet sich wie bei
Hauptfaktorenmethode ein iteratives Verfahren an.

Die Skalierung von $(\underline{R} - \underline{U}^2)$ durch $\underline{H}^{-1}$ bewirkt, daß die Korrelationen der x_i, i=1,2...p durch die Korrelationen der von den
gemeinsamen Faktoren erklärten Teile c_i ersetzt werden. Eine
weitere Folge ist, daß $\underline{H}^{-1}$ als Diagonalwerte den Wert 1 annehmen, d.h. die Kommunalitäten werden auf 1 standardisiert.

Alle Eigenwerte g_i, i=1,2...p sind daher größer als O, bzw.
zumindest größer gleich O, wenn lineare Abhängigkeiten in
$\underline{H}^{-1}(\underline{R} - \underline{U}^2)\underline{H}^{-1}$ vorliegen. 2.41) läßt sich als

$$2.5o) \quad \alpha = \left(\frac{p}{p-1}\right)(1 - t) \quad \text{bzw.} \quad \alpha = \left(\frac{p}{p-1}\right)\left(1 - \frac{1}{g_i}\right) \text{ schreiben.}$$

Dabei sind g_i die Eigenwerte von $\underline{H}^{-1}(\underline{R} - \underline{U}^2)\,\underline{H}^{-1}$. Daraus ergibt sich als sinnvolles Kriterium, daß nur jene Faktoren auf-
genommen werden, deren $\alpha > O$, d.h. deren Eigenwerte größer > 1
sind. Es läßt sich zeigen, daß dieses Kriterium äquivalent
Kaiser's Kriterium bei der Hauptkomponentenmethode ist. Die
Anzahl der Eigenwerte > 1 ist in beiden Fällen gleich
(K a i s e r und C a f f r e y , 1965).

Wir bemerken noch, die Faktoren - im Gegensatz zu den vorher
besprochenen Methoden - invariant gegenüber Skalierung der x_i,
i=1,2...p sind. Ist nämlich $\underline{V}$ wieder eine Diagonalmatrix von
Standardabweichungen, gilt

$$\underline{S} = \underline{V}\,\underline{R}\,\underline{V} = \underline{V}\,\underline{L}\,\underline{L}'\underline{V} + \underline{V}\,\underline{U}^2\,\underline{V}$$

Einsetzen in 2.47) ergibt

2.51) $\quad (\underline{H}^{-1}\ \underline{V}^{-1})\ (\underline{V}(\underline{R} - \underline{U}^{2})V)\ \underline{V}^{-1}\ \underline{H}\ \underline{C} = \underline{C}\ \underline{G}$

$\underline{V}$ kürzt sich weg, sodaß Eigenwerte g_j und Eigenvektoren $\underline{c}_j$ unverändert bleiben.

Wir demonstrieren die Alpha-Faktorenanalyse an unserem Beispiel aus Tabelle 3. Als Ausgangsschätzung für h_i^2 wird wieder $r_{i.}$ verwendet (Vgl. Tabelle 5). Nach Rechnung mit SPSS

```
FACTOR     VARIABLES = V1 TO V9/
           TYPE = ALPHA
```

wurde nach 19 Iterationen folgende Lösung erreicht.

Tabelle 7: Geschätzte Kommunalitäten, Eigenwerte und Faktorladungsmatrix nach Anwendung der Alpha Faktorenanalyse

VARIABLE	COMMUNALITY	FACTOR	EIGENVALUE	PCT OF WAR	CUM PCT
V1	0.629	1	4.414	49.0	49.0
V2	0.451	2	2.903	32.3	81.3
V3	0.521	3	1.681	18.7	100.0
V4	0.399				
V5	0.655				
V6	0.383				
V7	0.498				
V8	0.523				
V9	0.261				

	FACTOR 1	FACTOR 2	FACTOR 3
V1	0.677	-0.412	-0.024
V2	0.556	-0.363	0.097
V3	0.674	-0.258	-0.007
V4	0.551	-0.225	-0.210
V5	0.439	0.395	0.554
V6	0.335	0.313	0.414
V7	0.489	0.390	-0.325

	FACTOR 1	FACTOR 2	FACTOR 3
V8	o.326	o.644	-o.o2o
V9	o.153	o.357	-o.33o

Vergleicht man die Ergebnisse der Alpha Faktorenanalyse mit
der iterierten Hauptfaktorenlösung in Tab. 6, sind zunächst
die Kommunalitäten h_i^2 in beiden Fällen sehr ähnlich. Auffal-
lend ist der Unterschied in den Eigenwerten, die in Tab.7 wesentlich höher sind. Der Grund liegt in der Faktorisierung der
Matrix $\underline{H}^{-1}(\underline{R} - \underline{U}^2)\,\underline{H}^{-1}$, die in der Diagonale die Werte 1 aufweist und daher größere Eigenwerte als $\underline{R} - \underline{U}^2$ haben muß.
Die Ladungen auf den ersten beiden Faktoren sind nur wenig
verschieden, größere Abweichungen treten beim dritten Faktor
auf, insbesondere bei Items V5, V6, V7 und V8. Zudem ist der
Faktor reflektiert, d.h. die Vorzeichen größerer Beträge in
Tab. 7 sind im Vergleich zu Tab. 6 mit -1 mulipliziert. Dieses Vertauschen der Pole des dritten Faktors hat keine inhaltliche Bedeutung, da die Gruppen von Items, die räumlich nahe
beieinander liegen, unverändert bleiben. Dies wird sofort ersichtlich, wenn die Ladungen auf Faktor I und III bzw. II und
III für beide Fälle aufgezeichnet werden.

2.6 Kanonische und Maximum Likelihood Faktorenanalyse

Im Gegensatz zur Alpha-Faktorenanalyse berücksichtigen wir
jetzt, daß in der Regel eine Stichprobe von N Personen aus
einer Grundgesamtheit vorliegt. Wendet man dann auf die Stichprobe unter bestimmten Verteilungsannahmen die Maximum Likelihood Methode der statistischen Schätzung an, erhält man die
Möglichkeit, inferenzstatische Aussagen zu machen.
Wir besprechen zunächst eine theoretisch einfachere, im Ergebnis aber äquivalente Methode.

2.6.1 <u>Rao's kanonische Faktorenanalyse</u>

R a o (1955) geht von folgender Überlegung aus.
$\underline{x}$ ist ein standardisierter px1 Zufallsvektor, der dem üblichen
faktorenanalytischen Modell $\underline{x} = \underline{L}\,\underline{f} + \underline{u}$ gehorcht, mit $\underline{L}$ als
pxk Ladungsmatrix und $E\,\underline{f}\,\underline{f}' = \underline{L}$. Wir suchen nun Vektoren $\underline{a}$
und $\underline{b}$, sodaß die Linearkombination $\underline{a}'\underline{x}$ und $\underline{b}'\underline{f}$ maximal korrelieren.

Dieser maximale Korrelationskoeffizient r ist H o t e l-
l i n g's (1936) <u>kanonischer Korrelationskoeffizient</u>.
Wir berechnen diesen Koeffizienten, indem wir die optimalen
Gewichte $\underline{a}$ und $\underline{b}$ suchen.

$$2.52)\quad r^2 = \underline{a}'(E\,\underline{x}\,\underline{f}')\,\underline{b} \,/\, (\underline{a}'E\,\underline{x}\,\underline{x}'\underline{a})(\underline{b}'E\,\underline{f}\,\underline{f}'\underline{b}) \ \ldots \ \text{Max!}$$

Wegen $E\,\underline{f}\,\underline{f}' = \underline{I}$ und $E\,\underline{x}\,\underline{f}' = \underline{L}$, läßt sich r^2 schreiben als

$$2.53)\quad r^2 = \underline{a}'\underline{L}\,\underline{b}\,/(\underline{a}'\underline{R}\,\underline{a})(\underline{b}'\underline{b})$$

Ableiten von 2.53) nach $\underline{a}$, $\underline{b}$ und Nullsetzen der ersten Ableitungen ergibt die Gleichungen

$$2.54)\quad \frac{\partial\,r^2}{\partial\,\underline{a}} = \underline{L}\,\underline{b} - r^2\,\underline{R}\,\underline{a} = \underline{O}$$

$$2.55)\quad \frac{\partial\,r^2}{\partial\,\underline{b}} = -r^2\underline{b} + \underline{L}'\underline{a} = \underline{O}$$

Auflösen nach $\underline{a}$ und $\underline{b}$ ergibt

$$2.56)\quad (\underline{L}\,\underline{L}' - r^2\underline{R})\,\underline{a} = \underline{O}$$

$$(\underline{L}'\underline{R}^{-1}\,\underline{L} - r^2\underline{I})\,\underline{b} = \underline{O}$$

Da $\underline{L}\,\underline{L}' = \underline{R} - \underline{U}^2$ können wir die erste Gleichung in 2.56) in
folgendes Eigenwertproblem umformen.

2.57) $\underline{R} - \underline{U}^2 - r^2\underline{R} = 0$

Wir setzen $r^2 = \dfrac{g}{1+g}$

Gleiche Nenner in 2.57) ergeben

2.58) $\underline{R} - \underline{U}^2 - g\underline{U}^2 = \underline{0}$

Vor und Nachmultiplikation mit $\underline{U}^{-1}$ erzeugt

2.59) $\underline{U}^{-1}(\underline{R} - \underline{U}^2)\underline{U}^{-1} - g\underline{I} = \underline{0}$

Die Lösung der Eigenwertaufgabe mit k Eigenwerten ist

2.6o) $\underline{U}^{-1}(\underline{R} - \underline{U}^2)\underline{U}^{-1}\underline{C} = \underline{C}\,\underline{G}$ mit $\underline{C}'\underline{C} = \underline{I}$

Wir berechnen noch $\underline{L}$, indem wir in $\underline{R} - \underline{U}^2 = \underline{L}\,\underline{L}'$ einsetzen.

2.61) $\underline{L} = \underline{U}\,\underline{C}\,\underline{G}^{\frac{1}{2}}$, $\underline{H}^2 = \mathrm{diag}\,\underline{L}\,\underline{L}'$,

$\underline{L}'\underline{U}^{-2}\underline{L} = \underline{G}^{\frac{1}{2}}\underline{C}'\underline{U}\,\underline{U}^{-2}\underline{U}\,\underline{C}\,\underline{G}^{\frac{1}{2}} = \underline{G}$ eine Diagonalmatrix,
sodaß eine kanonische Lösung vorliegt.

Die Lösung ist formal ähnlich der Alpha-Faktorenanalyse, nur
wird an Stelle von $\underline{H}^{-1}$ mit $\underline{U}^{-1}$ skaliert, sodaß die spezifischen Anteile u_i^2 i=1,2...p auf 1 normiert werden.
Wie bei der Alpha-Faktorenanalyse kann die Invarianz der Faktoren gegenüber Skalierung von $\underline{x}$ gezeigt werden. Ebenso müssen
die Lösungen wieder iterativ mit einer Anfangsschätzung für $\underline{H}^2$
gesucht werden.

2.6.2 Maximum-Likelihood-Lösung

Diese Methode ist die einzige im eigentlichen Sinn statistische Methode der Lösung des Faktorproblems. Sie geht von der

Annahme aus, daß die beobachteten Werte x_i, $i=1,2...p$ einer
Normalverteilung mit Erwartungsvektor $\underline{m}$ und einer Varianz-Kovarianzmatrix $\underline{S}$ folgen.

Die exakte mathematische Herleitung der Maximum Likelihood
(ML) Lösung ist langwierig und erfordert eine Reihe zusätzli-
cher Überlegungen, die den Rahmen dieses Buches sprengen wür-
den. Wir werden uns daher begnügen, in etwas legerer Weise die
Grundgedanken darzustellen. Der an den mathematischen Details
interessierte Leser sei auf L a w l e y und M a x w e l l
(1971), die diese Methode entwickelt haben, verwiesen.
Eine kurze Darstellung der ML-Methode und ihrer Eigenschaften
ist in Anhang 3, eine Zusammenfassung der Rechenregeln über
Vektor und Matrixdifferentiation in Anhang 4 zu finden.

Die ML-Methode sucht die Parameter einer Verteilung so zu bestimmen, daß die Stichprobe, aus der die Parameter geschätzt
werden, die maximale Wahrscheinlichkeit aufweist. Die ML-Methode liefert neben den Schätzwerten für die Parameter auch
eine Varianz-Kovarianzmatrix der Schätzer. ML-Schätzer sind -
unter schwachen Bedingungen - asymptotisch erwartungstreu,
effizient und normal verteilt. Für große Stichproben lassen
sich daher leicht Tests und Konfidenzintervalle angeben (Vgl.
K e n d a l l und S t u a r t, (1973, S. 37 f).

Wir setzen voraus:
$\underline{x}$ ist normalverteilt mit Erwartungswert $\underline{m}$ und Varianz-Kovarianzmatrix $\underline{S}$. Die Dichtefunktion $f(\underline{x}/\underline{m},\underline{S})$ ist daher

$$2.62)\quad f(\underline{x}/\underline{m},\underline{S}) = (2\pi)^{-\frac{p}{2}}\,|\underline{S}|^{-\frac{1}{2}}\,\exp\left[-\frac{1}{2}(\underline{x}-\underline{m})'\underline{S}^{-1}(\underline{x}-\underline{m})\right]$$

Weiters sei $\underline{x} - \underline{m}$ im üblichen faktorenanalytischen Modell darstellbar

$$2.63)\quad \underline{x} - \underline{m} = \underline{L}\,\underline{f} + \underline{u}\quad \text{mit}$$

$\underline{L}$ als pxk Ladungsmatrix, $\underline{u}$ als px1 und $\underline{f}$ als kx1 Zufallsvektor und den Bedingungen $E\,\underline{f} = \underline{O}$, $E\,\underline{u} = \underline{O}$, $E\,\underline{f}\,\underline{f}' = \underline{I}$, $E\,\underline{u}\,\underline{u}' = \underline{U}^2 = $ $= \text{diag}\,(u_1^2,\ldots u_p^2)$, $E\,\underline{f}\,\underline{u}' = \underline{O}$, sodaß $\underline{S}$ dargestellt werden kann als

$$2.64)\quad \underline{S} = \underline{L}\,\underline{L}' + \underline{U}^2$$

Die Annahme, daß $\underline{x}$ multivariat normalverteilt ist, ist ziemlich restriktiv. Sie impliziert, daß alle h-dimensionalen Randverteilungen ebenfalls k-variat normalverteilt sind, $h=1,2\ldots p-1$.

Sind $\underline{x}_1$, $\underline{x}_2,\ldots\underline{x}_N$ die beobachteten Vektoren der Stichprobe, so ist die Likelihoodfunktion die Dichtefunktion von $\underline{x}_1,\ldots\underline{x}_N$, wobei die Parameter $\underline{m}$, $\underline{S}$ als durch $\underline{x}_1\ldots\underline{x}_N$ bedingte Werte aufgefaßt werden. Da die Beobachtungen voneinander unabhängig sind, gilt

$$2.65)\quad L(\underline{m},\ \underline{S}/\underline{x}_1\ldots\underline{x}_N) = \sum_{k=1}^{N} f(\underline{x}_k/\underline{m},\ \underline{S}) =$$

$$= \sum_{k=1}^{N} (2\pi)^{-\frac{p}{2}}\,|\underline{S}|^{-\frac{1}{2}}\,\exp\left[-\frac{1}{2}(\underline{x}_k - \underline{m})'\,\underline{S}^{-1}\,(\underline{x}_k - \underline{m})\right]$$

$$= (2\pi)^{-\frac{Np}{2}}\,|\underline{S}|^{-\frac{N}{2}}\,\exp\left[-\frac{1}{2}\sum_{k=1}^{N}(\underline{x}_k - \underline{m})'\,\underline{S}^{-1}(\underline{x}_k - \underline{m})\right]$$

Nach Umformung mit $\bar{\underline{x}} = \dfrac{1}{N}\sum_{k=1}^{N}\underline{x}_k$ gilt

$$\sum_{k=1}^{N} (\underline{x}_k - \underline{m})'\underline{S}^{-1}(\underline{x}_k - \underline{m}) =$$

$$= \sum_{k=1}^{N} ((\underline{x}_k - \bar{\underline{x}}) + (\bar{\underline{x}} - \underline{m}))'\underline{S}^{-1}((\underline{x}_k - \bar{\underline{x}}) + (\bar{\underline{x}} - \underline{m})) =$$

$$= \sum_{k=1}^{N} (\underline{x}_k - \bar{\underline{x}})'\underline{S}^{-1}(\underline{x}_k - \bar{\underline{x}}) + N(\bar{\underline{x}} - \underline{m})'\underline{S}^{-1}(\bar{\underline{x}} - \underline{m})$$

Wir setzen $\hat{\underline{S}} = \dfrac{1}{N}\sum_{k=1}^{N}(\underline{x}_k - \bar{\underline{x}})(\underline{x}_k - \bar{\underline{x}})'$ und erhalten, wenn wir berücksichtigen, daß

$$\sum_{k=1}^{N} (\underline{x}_k - \bar{\underline{x}})' \underline{S}^{-1} (\underline{x}_k - \bar{\underline{x}}) = N \ \text{tr} \ \hat{\underline{S}} \ \underline{S}^{-1}$$

für die Likelihood-Funktion

$$2.66) \quad L(\underline{m}, \ \underline{S}/\underline{x}_1 \ldots \underline{x}_N) = (2\pi)^{-\frac{Np}{2}} \ |\underline{S}|^{-\frac{N}{2}} \ \exp \ (-\frac{1}{2} \ N \ \text{tr} \ \hat{\underline{S}} \ \underline{S}^{-1}) .$$

$$\exp \ (-\frac{1}{2} \ N(\bar{\underline{x}} - \underline{m})' \ \underline{S}^{-1} \ (\bar{\underline{x}} - \underline{m})$$

L soll für die Schätzer $\hat{\underline{m}}$ und $\underline{S}_O$ ein Maximum werden. Unabhängig von der Wahl von $\underline{S}_O$ tritt dies ein, wenn $\hat{\underline{m}} = \bar{\underline{x}}$. Der letzte Faktor wird dann 1, für jede andere Wahl vom $\hat{\underline{m}}$ wird er kleiner 1.

Wenn wir keine Restriktionen auf den Schätzer $\underline{S}_O$ anwenden, läßt sich zeigen, (A n d e r s o n, 1958, S. 46), daß $\underline{S}_O = \hat{\underline{S}}$ der ML-Schätzer ist.

Um eine ML-Schätzung für $\underline{S}$ unter der Bedingung 2.64) zu erhalten, genügt es an Stelle der Maximierung von $L(\underline{m}, \ \underline{S} \ \underline{x}_1 \ldots \ldots \underline{x}_N)$ in 2.66) die Funktion F zu minimieren.

$$2.67) \quad F(\underline{S}) = \ln|\underline{S}| + \text{tr} \ \hat{\underline{S}} \ \underline{S}^{-1}$$

Dabei interessiert uns vor allem die Schätzung von $\underline{L}$ und $\underline{U}^2$. Da die Darstellung $\underline{S} = \underline{L} \ \underline{L}' + \underline{U}^2$ nicht eindeutig ist, muß eine kanonische Darstellung gefunden werden, die orthogonale Transformationen ausschließt. Dazu muß auch angenommen werden, daß $\underline{U}^2$ in der Population eindeutig bestimmt ist (A n d e r - s o n und R u b i n (1956) gehen dieser Frage nach).

Notwendige Bedingung zum Erreichen des Minimums ist das Verschwinden der ersten Ableitung. Partielles Differenzieren nach $\underline{L}$ und $\underline{U}^2$ ergibt nach einiger Rechnung, die im Anhang 4 ausgeführt ist, die Formeln.

2.68) $\frac{\partial F}{\partial \underline{L}} = 2(\underline{S}^{-1}(\underline{S} - \hat{\underline{S}})\,\underline{S}^{-1})\,\underline{L} = \underline{O}$

$\qquad \frac{\partial F}{\partial \underline{U}^2} = \text{diag}\,(\underline{S}^{-1}(\underline{S} - \hat{\underline{S}})\,\underline{S}^{-1}) = \underline{O}$

Da $\underline{S} = \underline{L}\,\underline{L}' + \underline{U}^2$, läßt sich $\underline{S}^{-1}$ darstellen als

2.69) $\underline{S}^{-1} = \underline{U}^{-2} - \underline{U}^{-2}\,\underline{L}(\underline{I} + \underline{L}'\,\underline{U}^{-2}\underline{L})^{-1}\,\underline{L}'\,\underline{U}^{-2}$

Wir setzen $\underline{L}'\,\underline{U}^{-2}\underline{L} = \underline{M}$, multiplizieren die erste Gleichung in 2.68) mit $\frac{1}{2}\,\underline{S}$ und setzen für $\underline{S}^{-1}$ 2.69) ein.

2.7o) $(\underline{S} - \hat{\underline{S}})\,\underline{S}^{-1}\,\underline{L} =$
$\qquad = (\underline{S} - \hat{\underline{S}})(\underline{U}^{-2}\,\underline{L} - \underline{U}^{-2}\,\underline{L}(\underline{I} + \underline{M})^{-1}\,\underline{L}'\,\underline{U}^{-2}\,\underline{L}) =$
$\qquad = (\underline{S} - \hat{\underline{S}})(\underline{U}^{-2}\,\underline{L}(\underline{I} + \underline{M})^{-1}\,\underline{M})) =$
$\qquad = (\underline{S} - \hat{\underline{S}})\,\underline{U}^{-2}\,\underline{L}(\underline{I} + \underline{M})^{-1} = \underline{O}$

In der letzten Zeile setzen wir $\underline{I} = (\underline{I} + \underline{M})^{-1}\,(\underline{I} + \underline{M})$ und multiplizieren die Klammer aus.
Nachmultiplikation mit $\underline{I} + \underline{M}$ ergibt

2.71) $(\underline{S} - \hat{\underline{S}})\,\underline{U}^{-2}\,\underline{L} = \underline{O}$

Wir setzen $\underline{S} = \underline{L}\,\underline{L}' + \underline{U}^2$ und erhalten

2.72) $(\hat{\underline{S}} - \underline{U}^2)\,\underline{U}^{-2}\,\underline{L} = \underline{L}\,\underline{L}'\,\underline{U}^{-2}\,\underline{L}$

Vormultiplikation mit $\underline{U}^{-1}$ ergibt

2.73) $\underline{U}^{-1}\,(\hat{\underline{S}} - \underline{U}^2)\,\underline{U}^{-1}\,(\underline{U}^{-1}\,\underline{L}) = \underline{U}^{-1}\,\underline{L}\,(\underline{L}'\,\underline{U}^{-2}\,\underline{L})$

Wenn wir die noch offenen $\frac{k(k-1)}{2}$ Restriktionen so festlegen, daß die symmetrische k×k-Matrix $\underline{L}'\,\underline{U}^{-2}\,\underline{L}$ genau eine Diagonalmatrix $\underline{G} = \text{diag}\,(g_1, g_2, \ldots g_k)$ ergibt und $\underline{C} = \underline{U}^{-1}\,\underline{L}$ setzen, erhalten wir folgendes Eigenwertproblem.

2.74) $\underline{U}^{-1} \, (\hat{\underline{S}} - \underline{U}^2) \, \underline{U}^{-1} \, \underline{C} = \underline{C} \, \underline{G}$

2.74) ist formal __identisch__ mit 2.62), dem __Eigenwertproblem__ der __kanonischen Faktorenanalyse,__ wenn wir an Stelle von $\hat{\underline{S}}$ die Korrelationsmatrix $\underline{R}$ einsetzen.

Wir haben bis jetzt bei der Umformung der ersten Gleichung in 2.68) stillschweigend vorausgesetzt, daß $\underline{U}^2$ festliegt. Für festes $\underline{U}^2$ ergibt die Lösung der Eigenwertaufgabe 2.74) und die entsprechende Umformung

2.75) $\hat{\underline{L}} = \underline{U} \, \underline{C} \, \underline{G}^{\frac{1}{2}}$

bei gegebenem k tatsächlich ein Minimum von F.

Um ein unbedingtes Minimum zu erreichen, muß auch $\underline{U}^2$ variiert werden.
Die zweite Gleichung in 2.68) kann durch Einsetzen von 2.69) und unter Berücksichtigung von 2.7o) umgeformt werden zu

2.76) $\operatorname{diag} \underline{S}^{-1} \, (\underline{S} - \hat{\underline{S}}) \, \underline{S}^{-1} = \operatorname{diag} \underline{U}^{-2}(\underline{S} - \hat{\underline{S}}) \, \underline{U}^{-2} = \underline{O}$

Einsetzen in $\underline{S} = \underline{L} \, \underline{L}' + \underline{U}^2$ ergibt

2.77) $\operatorname{diag} (\hat{\underline{S}} - \underline{L} \, \underline{L}') = \underline{U}^2$

$\underline{U}^2$ hängt damit wiederum von $\underline{L} \, \underline{L}'$ ab.
Es kann also keine einfache Darstellung gefunden werden. Daher erweist sich ein __iteratives Verfahren__ mit variierenden $\hat{\underline{U}}^2$ als unumgänglich.
Es wurden dafür mehrere Lösungsvorschläge gemacht, die der interessierte Leser der Darstellung von L a w l e y und M a x w e l l (1971) entnehmen kann.
Wir werden ein allgemeines Verfahren im nächsten Abschnitt besprechen und auf die ML-Lösung im Rahmen der konfirmatori-

schen Faktorenanalyse noch ausführlich zurückkommen. Für das im folgenden besprochene Beispiel haben wir für das iterative Verfahren als ersten Schätzer für h_i^2 wieder r_i^2. verwendet.

Als Beispiel zu Rao's kanonischer und zugleich zur Maximum-Likelihood-Faktorenanalyse verwenden wir wieder unsere Daten aus Tabelle 3. Allerdings haben wir dieses Beispiel nicht mit SPSS, sondern mit dem Programm von H o l m (1976) gerechnet. Wir haben nämlich bei einer Reihe von Beispielen die Erfahrung gemacht, daß die kanonische Faktorenanalyse in SPSS nicht konvergiert, bzw. unsinnige Ergebnisse, z.B. $h_i^2 > r_i^2$. bringt.

Tabelle 8: Ergebnisse der Maximum-Likelihood-Lösung bei der Faktorisierung von Aufstiegsvariablen aus Tab. 3

MULTIPLE BESTIMMTHEITSMASSE r_i^2.

V1	o.457	V4	o.311	V7	o.317
V2	o.374	V5	o.345	V8	o.35o
V3	o.4o3	V6	o.279	V9	o.154

CHI-QUADRAT-WERTE JE FAKTOR
    31o.22o,   72.639,   15.o12,
FREIHEITSGRADE
27,   19,   12,
SIGNIFIKANZ-NIVEAU
    1oo.ooo,   1oo.ooo,   75.782,
EIGENWERT JE FAKTOR
    4.935,   3.o34,   1.631,   o.ooo,

MATRIX DER FAKTORLADUNGEN (SPALTE = FAKTOR)

	SPALTE 1	SPALTE 2	SPALTE 3
V1	o.675	-o.419	-o.o41
V2	o.573	-o.358	-o.149
V3	o.664	-o.261	o.o12

	SPALTE 1	SPALTE 2	SPALTE 3
V4	o.522	-o.297	o.185
V5	o.5o1	o.528	-o.378
V6	o.374	o.422	-o.251
V7	o.463	o.279	o.541
V8	o.322	o.574	o.211
V9	o.115	o.241	o.395

KOMMUNALITÄTEN

V1	o.632	V4	o.394	V7	o.585
V2	o.479	V5	o.673	V8	o.477
V3	o.5o9	V6	o.381	V9	o.228

Beim Vergleich der Faktorladungen und der geschätzten Kommunalitäten stellen wir eine große Ähnlichkeit mit der Hauptfaktorenlösung fest. Zeichnet man beide Lösungen auf und vergleicht sie durch Übereinanderlegen, wird dies deutlich sichtbar.

Die Eigenwerte von $\underline{U}^{-1} (\underline{R} - \underline{U}^2) \underline{U}^{-1}$ sind im Vergleich zur Hauptfaktorenmethode wiederum relativ groß, da die Diagonalelemente dieser Matrix größer sind als die von $\underline{R} - \underline{U}^2$. Dies gilt auch für die übrigen Elemente der Matrix, da durch Zahlen, die kleiner sind als 1, dividiert wird.

2.6.3 <u>Statistische Tests zur Bestimmung der Faktorenzahl</u>

Die ML-Methode liefert uns eine Möglichkeit, die Hypothese H_o: Die Anzahl der Faktoren $j \leq k$ gegen H_1: $j > k$ zu testen. Dazu verwendet man den Likelihood-Quotiententest (K e n - d a l l und S t u a r t, (1973, S. 234), der von folgender Überlegung ausgeht:

Sei B die Menge $\{\underline{S}: \underline{S}$ ist eine symmetrisch positiv definite pxp Matrix$\}$

und B_0 die Menge $\{\underline{S} : \underline{S} = \underline{L}\,\underline{L}' + \underline{U}^2$ mit $\underline{L}$ als pxk-Matrix und $u_i^2 \geqslant o$, $i=1,\ldots p\}$

Man bildet den Likelihoodquotienten LR aus dem Maximalwert der Likelihoodfunktion L. wenn L über B variiert, und dem Maximalwert von L, wenn L über der eingeschränkten Menge B_0 variiert. Dann ist LR = -2 ln L_{B_0}/L_B asymptotisch χ^2 verteilt mit df Freiheitsgraden, wobei df die Zahl der frei wählbaren Parameter in B minus der Zahl der frei wählbaren Parameter in B_0 ist.

Wegen 2.66) ist für unser Problem

$$2.78) \quad L(\underline{S}) = c|\underline{S}|^{-\frac{N}{2}} \exp(-\frac{1}{2} N \, \mathrm{tr}\, \hat{\underline{S}}\,\underline{S}^{-1}) \text{ mit } c = (2\pi)^{-\frac{pN}{2}}$$

Daher gilt:

$$2.79) \quad L_B = \max_B L(\underline{S} / \underline{x}_1 \ldots \underline{x}_N) = x \exp(-\frac{1}{2} N(\ln |\hat{\underline{S}}| + p)$$

L nimmt für beliebiges $\underline{S}$ ein Maximum für $\underline{S}_0 = \hat{\underline{S}}$ an, wenn $\underline{S}_0$ der ML-Schätzer und $\hat{\underline{S}}$ wie in Abschnitt 2.6.2 definiert ist. Aus $\mathrm{tr}\, \hat{\underline{S}}\,\hat{\underline{S}}^{-1} = \mathrm{tr}\, \underline{I} = p$ folgt das Ergebnis.

Für L_B erreichen wir den Maximalwert, wenn wir die Schätzung $\underline{S}_0 = \hat{\underline{L}}\,\hat{\underline{L}}' + \hat{\underline{U}}^2$ der Maximum Likelihoodlösung in 2.78) einsetzen.

$$2.8o) \quad L_{B_0} = \max_{B_0} L(\underline{S} / \underline{x}_1 \ldots \underline{x}_N) = c \exp(-\frac{1}{2} N(\ln|\underline{S}_0| + \mathrm{tr}\, \hat{\underline{S}}\,\underline{S}_0^{-1})$$

Für LR ergibt sich

$$2.81) \quad LR = -2 \ln L_{B_0}/L_B = N(\ln|S_0| + \mathrm{tr}\, \hat{\underline{S}}\,\underline{S}_0^{-1} - \ln|\hat{S}| - p)$$

Man kann noch zeigen, daß $\mathrm{tr}\, \hat{\underline{S}}\,\underline{S}_0^{-1} = p$.
Dazu setzt man (Vgl. H a f n e r, 1978)

$$\hat{\underline{S}}\ \underline{S}_o^{-1} = \underline{I} - (\underline{S}_o - \hat{\underline{S}})\ \underline{S}_o^{-1}.$$

$$\underline{S}_o = \hat{\underline{L}}\ \hat{\underline{L}}' + \hat{\underline{U}}^2 \quad \text{und 2.69) bedeutet}$$

$$\underline{S}_o^{-1} = \hat{\underline{U}}^2 - \hat{\underline{U}}^{-2}\ \hat{\underline{L}}\ (\underline{I} + \hat{\underline{M}})^{-1}\ \hat{\underline{L}}'\ \hat{\underline{U}}^{-2} \quad \text{mit}\ \hat{\underline{M}} = \hat{\underline{L}}'\ \hat{\underline{U}}^{-2}\ \hat{\underline{L}}$$

Einsetzen und Berücksichtigung von 2.7o) $(\underline{S}_o - \hat{\underline{S}})\ \hat{\underline{U}}^{-2}\ \hat{\underline{L}}(\underline{I} + \hat{\underline{M}})$

$$= \underline{O}$$

ergibt $\hat{\underline{S}}\ \underline{S}_o^{-1} = \underline{I} - (\underline{S}_o - \hat{\underline{S}})\ \hat{\underline{U}}^{-2}$

Wegen diag $(\hat{\underline{S}} - \hat{\underline{L}}\ \hat{\underline{L}}') = \hat{\underline{U}}^2$ (Gleichung 2.77) ist
diag $(\underline{S}_o - \hat{\underline{S}}) = \underline{O}$ und damit auch diag $(\underline{S}_o - \hat{\underline{S}})\ \hat{\underline{U}}^{-2}$
Damit ist tr $\hat{\underline{S}}\ \underline{S}_o^{-1} = \text{tr}\ \underline{I} = p$.
Somit ergibt sich

$$2.82)\quad LR = N\ \ln\ (|\underline{S}_o|\ /\ |\hat{\underline{S}}|\ )$$

Die Anzahl der Freiheitsgrade ergibt sich aus folgender Überlegung
d = Anzahl der freien Parameter in $\hat{\underline{S}} = \dfrac{p(p+1)}{2}$

d_o = Anzahl der freien Parameter in $\underline{S}_o = \hat{\underline{L}}\ \hat{\underline{L}}' + \hat{\underline{U}}^2$

$\hat{\underline{U}}^2$ hat p freie Parameter
$\underline{L}$ hat $p \cdot k - \dfrac{k(k-1)}{2}$ freie Parameter, da die $\dfrac{k(k-1)}{2}$ dimensiona-
le Mannigfaltigkeit orthogonaler Transformationen $\underline{L} = \underline{A}\ \underline{T}$ mit
$\underline{T}'\underline{T} = \underline{I}$ berücksichtigt werden muß.

$$2.83)\quad df = d - d_o = \frac{1}{2}\ (p(p+1) - 2p - 2pk + k(k-1)) =$$
$$= \frac{1}{2}\ ((p-k)^2 - (p+k))$$

Als Testergebnis ergibt sich:
H_o wird mit Irrtumswahrscheinlichkeit α abgelehnt, wenn
$LR > \chi^2_{df;\,1-\alpha}$

Eine bessere Annäherung an die χ^2 Verteilung erzielt man, wenn an Stelle von N in 2.82) der Wert $N - \frac{p}{3} - \frac{2k}{3} - \frac{11}{6}$ verwendet wird. (B a r t l e t t, 1950)

Wie aus Tabelle 8 ersichtlich ist, stehen uns die Ergebnisse Likelihood-Ratio-Tests zur Verfügung. Die Tests werden sukzessive durchgeführt. Bei der Verwendung von nur einem bzw. zwei Faktoren ist der χ^2-Wert noch zu groß, sodaß H_o abgelehnt wird. Erst bei der Verwendung von drei Faktoren, kann H_o mit z.B. $\alpha = 5\%$ nicht mehr abgelehnt werden, sodaß wir die Modellanpassung als ausreichend erachten können.

Bei der Verwendung des Tests ist allerdings insofern Vorsicht geboten, da er sehr stark von der Anzahl N der untersuchten Elemente abhängt. Je größer N, umso schwieriger wird Modellanpassung mit wenig Faktoren erreicht. Da noch die Restriktion der multivariaten Normalverteilung vorliegt, ist es auf jeden Fall sinnvoll, auch das Kaiser- und Guttman-Kriterium zu beachten.

2.7 <u>Vereinheitlichung und effiziente Lösung des Faktorproblems</u>

2.7.1 <u>Vereinheitlichung direkter Lösungen</u>

Wir stellen zunächst die bisher erhaltenen direkten Lösungen des faktoranalytischen Problems nebeneinander. Die Anzahl der Faktoren ist k.

$$2.84) \quad (\underline{R} - \underline{U}^2)\,\underline{C} = \underline{C}\,\underline{G} \quad \text{mit } \underline{C}'\underline{C} = \underline{I}$$

$$\underline{L} = \underline{C}\,\underline{G}^{\frac{1}{2}}$$

$$\underline{L}'\underline{L} = \underline{G}$$

$$\underline{H}^2 = \text{diag } \underline{L}\,\underline{L}', \quad \underline{U}^2 = \underline{I} - \underline{H}^2$$

Dies beschreibt sowohl die Hauptfaktorenlösung mit Iteration als auch das Minres Verfahren. Ausgehend von Schätzern für $\underline{H}^2$ wird nach Berechnung von $\underline{L}$ mit einem Eigenwertverfahren $\underline{H}^2 = \mathrm{diag}\ \underline{L}\ \underline{L}'$ berechnet. Dies wird solange durchgeführt, bis sich $\underline{H}^2$ nicht mehr ändert. ($\underline{C}$ ist die Matrix der Eigenvektoren, $\underline{G}$ die Diagonalmatrix der Eigenwerte).

$$2.85)\quad \underline{H}^{-1}\ (\underline{R} - \underline{U}^2)\ \underline{H}^{-1}\ \underline{C} = \underline{C}'\underline{C} = \underline{I}$$

$$\underline{L} = \underline{H}\ \underline{C}\ \underline{G}^{\frac{1}{2}}$$
$$\underline{L}'\underline{H}^2\ \underline{L} = \underline{G}$$
$$\underline{H}^2 = \mathrm{diag}\ \underline{L}\ \underline{L}'$$

2.85) stellt die Alpha Faktorenanalyse (AFA) dar. Das Verfahren der Refaktorisierung geschieht wie in 2.84).

$$2.86)\quad \underline{U}^{-1}\ (\underline{R} - \underline{U}^2)\ \underline{U}^{-1}\ \underline{C} = \underline{C}\ \underline{G}\ \text{mit}\ \underline{C}'\underline{C} = \underline{I}$$

$$\underline{L} = \underline{U}\ \underline{C}\ \underline{G}^{\frac{1}{2}}$$
$$\underline{L}'\underline{U}^{-2}\ \underline{L} = \underline{G}$$
$$\underline{H}^2 = \mathrm{diag}\ \underline{L}\ \underline{L}'$$

Rao's kanonische Faktorenanalyse (CFA) bzw. die ML Methode - - angewandt auf die Stichprobenkorrelationsmatrix - wird durch 2.8o) angegeben.

Wenn wir den allgemeineren Fall, nämlich die Faktorisierung der Kovarianzmatrix bzw. ihres Schätzers - wir bezeichnen beide mit $\underline{S}$ - betrachten, erhalten wir wegen
$\underline{S} = \underline{V}\ \underline{R}\ \underline{V}$, wenn $\underline{V}$ die Diagonalmatrix der Standardabweichungen ist, bei Einsetzen in 2.84).

74

2.87) $\underline{V}^{-1}(\underline{S} - \underline{U}^2)\ \underline{V}^{-1}\ \underline{C} = \underline{C}\ \underline{G}$ mit $\underline{C}'\underline{C} = \underline{I}$

$$\underline{L} = \underline{V}\ \underline{C}\ \underline{G}^{\frac{1}{2}}$$
$$\underline{L}'\underline{V}^{-2}\ \underline{L} = \underline{G}$$
$$\underline{H}^2 = \text{diag}\ \underline{L}\ \underline{L}' \qquad\qquad \underline{U}^2 = \underline{V}^2 - \underline{H}^2$$

Man beachte bei 2.87) daß wir nur in 2.84) eingesetzt haben;
damit führen wir nicht eine Hauptfaktorenlösung für $\underline{S}$ durch,
sondern behalten das Kriterium der Minres Lösung - die Differenz zwischen beobachteten und reproduzierten <u>Korrelationen</u>
soll möglichst klein werden - bei.
Wegen der Invarianzeigenschaft von AFA und CFA brauchen wir in
2.85) und 2.86) nur $\underline{R}$ durch $\underline{S}$ ersetzen.

2.88) $\underline{H}^{-1}(\underline{S} - \underline{U}^2)\ \underline{H}^{-1}\ \underline{C} = \underline{C}\ \underline{G}$ mit $\underline{C}'\underline{C} = \underline{I}$

$$\underline{L} = \underline{H}\ \underline{C}\ \underline{G}^{\frac{1}{2}}$$
$$\underline{L}'\underline{H}^{-2}\ \underline{L} = \underline{G}$$
$$\underline{H}^2 = \text{diag}\ \underline{L}\ \underline{L}' \qquad\qquad \underline{U}^2 = \underline{V}^2 - \underline{H}^2$$

2.89) $\underline{U}^{-1}(\underline{S} - \underline{U}^2) = \underline{U}^{-1}\ \underline{C} = \underline{C}\ \underline{G}$ mit $\underline{C}'\underline{C} = \underline{I}$

$$\underline{L} = \underline{U}\ \underline{C}\ \underline{G}^{\frac{1}{2}}$$
$$\underline{L}'\underline{U}^{-2}\ \underline{L} = \underline{G}$$
$$\underline{H}^2 = \text{diag}\ \underline{L}\ \underline{L}' \qquad\qquad \underline{U}^2 = \underline{V}^2 - \underline{H}^2.$$

Die Kommunalitäten müssen in 2.87) bis 2.89) natürlich nicht
mehr kleiner als 1, jedoch kleiner als v_i^2, i=1,...p sein.
Die Gleichungssysteme 2.87) bis 2.89) sind außerordentlich
ähnlich. Die Unterschiede liegen nur in der Gewichtung der
Variablen, die mit $\underline{H}^{-1}$ bei AFA, $\underline{U}^{-1}$ bei CFA und $\underline{V}^{-1}$ bei Minres
durchgeführt wird.
Wir bezeichnen mit $\underline{Q}^2$ eine pxp Diagonalmatrix, die als Linearkombination von $\underline{H}^2$ und $\underline{U}^2$ erzeugt wird.

2.9o) $\underline{Q}^2 = \alpha \underline{H}^2 + \beta \underline{U}^2$ \qquad bzw.

2.91) $\underline{Q}^2 = \gamma \underline{H}^2 + \beta \underline{V}^2$ \quad mit $\gamma = \alpha - \beta$, da $\underline{V}^2 = \underline{H}^2 + \underline{U}^2$

$$\underline{Q}^2 = \begin{cases} \underline{H}^2 & \text{für } \alpha = 1, \ \beta = o \\ \underline{U}^2 & \text{für } \alpha = o, \ \beta = 1 \\ \underline{V}^2 & \text{für } \alpha = 1, \ \beta = 1 \end{cases}$$

Nach M c D o n a l d (197o) können wir mit $\underline{Q}$ folgendes <u>allgemeines Gleichungssystem</u> formulieren, das 2.87) bis 2.89) als spezielle Fälle enthält.

2.92) $\underline{Q}^{-1} (\underline{S} - \underline{U}^2) \, \underline{Q}^{-1} \, \underline{C} = \underline{C} \, \underline{G}$ mit $\underline{C}' \underline{C} = \underline{I}$

$$\underline{L} = \underline{Q} \, \underline{C} \, \underline{G}^{\frac{1}{2}}$$
$$\underline{L}' \underline{Q}^{-2} \, \underline{L} = \underline{G}$$
$$\underline{H}^2 = \text{diag } \underline{L} \, \underline{L}' \qquad\qquad \underline{U}^2 = \underline{V}^2 - \underline{H}^2$$

Wir setzen $\underline{B} = \underline{Q}^{-1} \, \underline{S} \, \underline{Q}^{-1}$ und $\underline{Q}^{-1} \, \underline{L} = \underline{C} \, \underline{G}^{\frac{1}{2}} = \underline{M}$
Daraus folgt nach Einsetzen in 2.92)

2.93) $(\underline{B} - \underline{Q}^{-2} \, \underline{U}^2) \, \underline{M} = \underline{M} \, \underline{G}$
$$\underline{M}' \underline{M} = \underline{G}$$
$$\underline{Q}^{-2} \, \underline{H}^{-2} = \text{diag } \underline{M} \, \underline{M}' = \underline{Q}^2 \, \text{diag } \underline{C} \, \underline{G} \, \underline{C}'$$

2.93) zeigt, daß 2.92) eine Hauptfaktorenlösugn für die Kovarianzmatrix $\underline{B}$ der Variablen $\underline{y}_i = x_i/q_i$, $i=1,2\ldots p$ ist.
$\underline{M} = \underline{Q}^{-1} \, \underline{L}$, $\underline{Q}^{-2} \, \underline{H}^2$ und $\underline{Q}^{-2} \, \underline{U}^2$ sind die entsprechenden Faktorladungen, Kommunalitäten und Eigenständigkeiten.
Wir haben damit eine vereinheitlichte direkte Lösung des Faktorproblems aufgezeigt.
Ein Verfahren, dessen Prinzip etwas aus dem bisherigen Rahmen fällt, ist Guttmann's Image Faktorenanalyse, auf die wir daher nicht näher eingehen wollen.
Wir verweisen daher auf H o l m (1976, S. 91) und die dort

angegebene Primärliteratur.

2.7.2 Ein effizienter Lösungsalgorithmus

Die bisher besprochene Methode - nämlich die Refaktorisierung
der Matrizen $\underline{Q}^{-1}(\underline{S} - \underline{U}^2)\,\underline{Q}^{-1}$ bis Konvergenz aufeinanderfolgen-
der Kommunalitäten $\underline{H}^2_q$, $\underline{H}^2_{q+1}$ eintritt (q = Iterationszahl) -
hat eine Reihe von Nachteilen.
Ihre Konvergenz ist nicht bewiesen - im Gegenteil, es treten
immer wieder Fälle von Divergenz auf - und sie benötigt eine
große Zahl von Iterationen - häufig 5o und mehr.
Es liegt daher nahe, aus der numerischen Mathematik bekannte
Verfahren zur Lösung des Faktorproblems heranzuziehen. Bei den
Methoden handelt es sich im wesentlichen um Varianten des
Newton-Verfahrens, wie sie in L u e n b e r g e r (1973,
S. 189) beschrieben werden.
Wir geben an dieser Stelle einen Algorithmus an, der von
D e r f l i n g e r (1968) entwickelt und 1978 auf alle von
uns besprochenen Verfahren ausgedehnt wurde. Wir führen die
einzelnen Schritte vor, ein FORTRAN Programm ist in D e r f -
l i n g e r (1978) aufgelistet.

Schritt 1: Berechne Näherungswerte für h^2_i i=1,2...p
           nach einem der in 2.2.1 angegebenen Verfahren.

Schritt 2: Berechne $\underline{Q}^2$ nach 2.91) mit
$$\underline{Q}^2 = \gamma\underline{H}^2 + \beta\underline{V}^2$$

Schritt 3: Berechne die Matrix $\underline{W}$ des Eigenwertproblems 2.92)

2.94) $\underline{W} = \underline{Q}^{-1}(\underline{S} - \underline{U}^2)\,\underline{Q}^{-1} = \underline{B} - \underline{Q}^{-1}\,\underline{U}^2$

Schritt 4: Berechne alle Eigenwerte und Eigenvektoren von $\underline{W}$

2.95) $\underline{W}\,\underline{C} = \underline{C}\,\underline{G}$, $\underline{C}'\underline{C} = \underline{I}$ mit $\underline{I}$ der pxp Einheitsmatrix

Schritt 5: Berechne die Differenzen

2.96) $d_i = \tilde{h}_i^2 - h_i^2$; $i=1,2\ldots p$

zwischen den ursprünglichen Kommunalitäten h_i^2 und den nach der Berechnung von $\underline{C}$ und $\underline{G}$ reproduzierten Kommuna=litäten

2.97) $\tilde{h}_i^2 = q_i^2 \sum_{j=1}^{k} g_j \, c_{ij}^2 = \sum_{j=1}^{k} l_{ij}^2$, $i=1,2\ldots p$

wobei hier nur über die ersten $\underline{k}$ Eigenwerte summiert wird.

Ist $\sum_{i=1}^{p} d_i^2 < \varepsilon$ mit ε beliebig nahe bei o, z.B. o,ooo1, ist das Verfahren beendet; wenn nicht, folgt der

Schritt 6: Die neuen Kommunalitäten $h_i^2 = h_{i,o}^2 + \Delta\, h_i^2$ müssen nun so gewählt werden, daß $d_i - d_{i,o} \approx o$ sind.

Um dies zu erreichen, werden die Differenzen d_i nach h_i^2 abgeleitet und in eine Taylorreihe an der Stelle $d_{i,o}$ bis zu ersten Glied entwickelt.

2.98) $d_i = d_{i,o} + \sum_{l=1}^{p} (\frac{\partial d_i}{\partial h_l^2})_o \; \Delta\, h_i^2$

Damit d_i im nächsten Iterationszyklus o wird, müssen die h_i^2 so gewählt werden, daß gilt

2.99) $\sum_{l=1}^{p} (\frac{\partial d_i}{\partial h_l^2})_o \; \Delta\, h_i^2 = - d_{i,o}$, $i=1,2\ldots p$

Wir erhalten ein System linearer Gleichungen in $\Delta\, h_i^2$, die aufgelöst werden können, wenn die Matrix $(\frac{\partial d_i}{h_l^2})_o$ der Ableitungen von d_i nach h_l^2 an der Stelle $h_{l,o}^2$ bekannt ist.

Schritt 7: Berehcne die neuen Kommunalitäten
$$h_i^2 = h_{i,o}^2 + \Delta h_i^2$$ und gehe zu Schritt 2.

Für die partiellen Ableitungen $\dfrac{\partial d_i}{\partial h_1^2}$, die in Schritt 6 benötigt werden, gilt die Formel

2.1oo) $\dfrac{\partial d_i}{\partial h_1^2} = - \delta_{1i}(1- \sum\limits_{j=1}^{k} c_{ij}^2) +$

$$\frac{q_i^2}{q_1^2} \sum\limits_{j=1}^{k} \sum\limits_{m=k+1}^{p} \frac{g_j + g_m - 2g_j g_m}{g_j - g_m} c_{1j} c_{ij} c_{1m} c_{im}$$

mit q_i^2 i-tes Diagonalglied aus $\underline{Q}^2$ und g_j Diagonalglied aus $\underline{G}$. $\delta_{1i} = 1$ wenn $1=1$, sonst o.

Diese Ableitungen wurden von D e r f l i n g e r (1968, 1978) mit Hilfe der Störungstheorie für lineare Operatoren, die ursprünglich in der Quantenmechanik entwickelt wurde, berechnet. Dieses Verfahren konvergiert quadratisch unter den üblichen Bedingungen des Newton Verfahrens, insbesondere müssen die Anfangswerte "nahe genug" an den Lösungen sein. Um dies zu erreichen, werden die ersten zwei Iterationsschritte mit der üblichen Refaktorisierungsmethode durchgeführt.
Das Verfahren hat den Nachteil, daß <u>alle</u> p Eigenwerte und Eigenvektoren berechnet werden müssen.
Vorteil ist eine außerordentlich <u>beschleunigte Konvergenz</u> - meistens nur wenig mehr als drei Iterationen bei sehr kleinem ε - und damit verbunden, eine <u>wesentlich höhere Rechengenauigkeit</u> (Rundungsfehler und Fehlerfortpflanzung sind viel geringer).
Andere Verfahren, die Varianten des oben beschriebenen Verfahrens darstellen, werden von J e n n r i c h und R o b i n s o n (1969), C l a r k e (1976), J ö r e s k o g und G o l d b e r g e r (1972) sowie V a n D r i e l , P r i n s und V e l t k a m p (1974) angegeben.

3 Faktorrotation und exploratorische Faktorenanalyse

Wir haben bis jetzt direkte Lösungen des Faktorproblems un-
tersucht. Unser Hauptaugenmerk war darauf gerichtet, eine
Faktorisierung zu finden, die eine Korrelations- oder allge-
meiner eine Kovarianzmatrix möglichst gut reproduziert. Diese
Faktorisierung ist jedoch nicht immer inhaltlich sinnvoll in-
terpretierbar, da bei den von uns untersuchten Verfahren -
abgesehen von Skalierung - immer die Varianz des ersten Faktors maximiert wird. Wir können daher immer erwarten, von sehr
vielen beobachteten Variablen x_i hohe Ladungen auf dem _ersten_
Faktor zu finden. Einfache Beispiele zeigen die Mängel eines
derartigen Vorgehens auf. Stellen wir uns z.B. eine Reihe von
Fragen vor, die Leistungsmotivation messen sollen. Als latente
Variable vermuten wir etwa Beharrlichkeit und Angst vor Miß-
erfolg, die durchaus miteinander korrelieren können, aber
trotzdem inhaltlich getrennt sind. Die übliche Hauptachsenlösung wird im allgemeinen nicht solche Ladungen ergeben, die
im ersten Faktor etwa hohe Absolutwerte für Items, die Beharrlichkeit messen sollen, und niedrige Absolutwerte für die
anderen Fragen aufzeigen.
Wir suchen also Ladungsmatrizen, die eine _inhaltlich_ _inter-_
pretierbare _Struktur_ in dem Sinn aufweisen, daß sich die
Variablen zu Gruppen zusammenfassen lassen, die jeweils nur
auf einem oder möglichst wenigen Faktoren hoch laden und auf
allen anderen gering, so daß jeweils ein Faktor mit dieser
Variablengruppe identifiziert werden kann.
Wenn wir keine oder nur vage Vermutungen haben, welche Variablen zusammengefaßt werden können und wie die entsprechenden
Faktoren korrelieren, betreiben wir _exploratorische_ Faktorenanalyse.
Wenn wir hingegen Hypothesen über die Ladungen von Variablen
auf Faktoren und deren Korrelationen testen, sprechen wir von
konfirmatorischer Faktorenanalyse, auf die wir im nächsten
Kapitel ausführlich eingehen werden.

Wir überlegen uns zunächst den ersten Fall. Aus Abschnitt 1.
kennen wir die allgemeine Darstellung des Faktorproblems bei
gegebener Faktorenzahl.

$$3.1) \quad \underline{x} = \underline{L}\ \underline{f} + \underline{u} \quad \text{und} \quad \underline{S} = \underline{L}\ \underline{P}\ \underline{L}' + \underline{U}^2$$

Als direkte Lösung erhalten wir immer

$$3.2) \quad \underline{S} = \underline{L}\ \underline{L}' + \underline{U}^2 \quad \text{mit} \quad \underline{P} = \underline{I}$$

Wie wir wiederholt bemerkt haben, ist diese Lösung nicht eindeutig, wenn nicht zusätzliche Bedingungen formuliert werden.
Diese mangelnde Eindeutigkeit wird als "Rotationsproblem" bezeichnet, da wir beliebige Transformationen von $\underline{f}$ durchführen
können ohne $\underline{S}$ zu verändern.

$$3.3) \quad \underline{S} = \underline{L}\ \underline{T}^{-1}\ \underline{T}\ \underline{T}'\ (\underline{T}^{-1})'\underline{L}' + \underline{U}^2$$
$$= \underline{M}\ \underline{P}\ \underline{M}' + \underline{U}^2 \quad \text{mit} \quad \underline{M} = \underline{L}\ \underline{T}^{-1} \quad \text{und} \quad \underline{P} = \underline{T}\ \underline{T}'$$

Transformationen dieser Art mit Hilfe einer kxk Transformationsmatrix $\underline{T}$ bezeichnet man als schiefwinkelige Transforma-
tionen, da die Korrelationsmatrix $\underline{P} = \underline{T}\ \underline{T}'$ nicht mehr gleich
der Einheitsmatrix sein muß. Da $\underline{P}$ Korrelationsmatrix ist, muß
jedoch die Bedingung diag $\underline{P} = \underline{T}\ \underline{T}' = (1,\ldots1)$ eingehalten werden, sodaß

$$\sum_{j=1}^{k} t_{ij}^2 = 1 \quad \text{für alle } i=1,\ldots k \text{ ist.}$$

Soll die Eigenschaft $\underline{P} = \underline{T}\ \underline{T}' = \underline{I}$ erhalten bleiben, muß eine
rechtwinkelige Rotation mit einer Transformationsmatrix $\underline{T}$, de-
ren Zeilen und Spalten orthonormalisiert sind, durchgeführt
werden.

Die Elemente von $\underline{T}$ müssen nun so gewählt werden, daß die Ladungsmatrix $\underline{M} = \underline{L}\ \underline{T}^{-1}$ eine "interpretierbare" Struktur besitzt.
Grob gesagt sollen Variablengruppen gefunden werden, die mit

einem Faktor und nur mit diesem identifiziert werden. Die Ladungen sollen möglichst hoch auf einem und niedrig auf den anderen Faktoren sein.

T h u r s t o n e (1947, S. 335) hat folgende Kriterien aufgestellt, deren Erfüllung eine sogenannte <u>Einfachstruktur</u> definiert.

a) Jede Zeile der Ladungsmatrix sollte wenigstens eine Null besitzen.

b) Für p gemeinsame Faktoren sollte jede Spalte der Ladungsmatrix wenigstens p Nullen aufweisen.

c) In jedem Spaltenpaar gibt es mehrere Variable, deren Ladungen in einer, aber nicht in der anderen verschwinden.

d) Für jedes Spaltenpaar sollte ein großer Anteil von Variablen in beiden Spalten verschwinden, wenn es mehr als drei Faktoren gibt.

e) Für jedes Spaltenpaar sollten nur wenige Variable in beiden Spalten nicht verschwinden.

Das Konzept der Einfachstruktur ist qualitativ und mathematisch nicht in allen seinen Facetten faßbar. Es hat sich aber als außerordentlich fruchtbar im Hervorbringen von Rotationsverfahren visueller und analytischer Art erwiesen, wie die zahlreiche Literatur beweist. Visuelle Rotationsverfahren werden bei Ü b e r l a (1968) oder P a w l i k (1968) besprochen, wir werden ausschließlich analytische Verfahren verwenden.

3.1 <u>Orthogonale Rotation</u>

Wir gehen von einer direkten Lösung für $\underline{L}$ aus mit $\underline{x} = \underline{L}\,\underline{f} + \underline{u}$ und $E\,\underline{f}\,\underline{f}' = \underline{I}$, d.h. die Faktoren $f_1,\ldots f_k$ sind orthogonal und normiert. Die Ladungen sind dann als Koordinaten im $\mathbb{R}^k$, der durch rechtwinkelige Einheitsvektoren aufgespannt wird, aufzufassen.

$x_i - u_i = l_{i1} f_1 + \ldots + l_{ik} f_k$ ist dann ein Punkt in diesem Raum mit Koordinaten $(l_{i1}, \ldots l_{ik})$, also der i-ten Zeile von $\underline{L}$. Die Länge des Vektors

$$x_i - u_i = (\sum_{j=1}^{k} l_{ij}^2)^{\frac{1}{2}} = h_i \quad \text{also die Wurzel der Kommunalität.}$$

Wir wollen uns dies mit einem Beispiel veranschaulichen. Die Ladungsmatrix hat folgende Gestalt:

Tabelle 9: Ladungsmatrix von 5 Variablen auf 2 Faktoren

	Faktoren		
Variable	f_1	f_2	h_i
1	o.7	o.3	o.762
2	o.9	o.4	o.985
3	o.6	o.5	o.781
4	-o.3	o.6	o.67o
5	-o.2	o.5	o.539

Sind die x_i normiert auf $E\, x_i = o$ und $\sigma_{x_i}^2 = 1$, ist die Korrelation von $x_i' = x_i - u_i$ mit $x_1' = x_1 - u_1$, also $r_{x_i' x_1'} = \cos \alpha\, h_i h_1$ mit $\alpha = $ Winkel zwischen x_i' und x_1' und h_i, h_1 den Kommunalitäten bzw. Längen von x_i' und x_1'.

Dies folgt im zweidimensionalen Fall aus der Elementargeometrie bzw. aus dem allgemeinen Satz, daß in $\mathbb{R}^k$ der Winkel zwischen zwei Vektoren $\underline{y} = (y_1 \ldots y_k)$, $\underline{z} = (z_1, \ldots z_k)$ bestimmt ist durch

$$\cos \alpha = \sum_{j=1}^{k} y_j z_j / \| \underline{y} \| \| \underline{z} \| \quad \text{mit} \quad \| y \|^2 = \sum_{j=1}^{k} y_j^2$$

Wenn wir für $\underline{y} = (l_{i1}, \ldots l_{ik})$ und für $\underline{z} = (l_{11}, \ldots l_{1k})$ einsetzen, erhalten wir

$$\cos \alpha = \sum_{j=1}^{k} l_{ij} \, l_{1j} \Big/ \Big(\sum_{j=1}^{k} l_{ij}^2 \Big)^{\frac{1}{2}} \Big(\sum_{j=1}^{k} l_{1j}^2 \Big)^{\frac{1}{2}} =$$

$$= {}^r x_i' \, x_1' \Big/ h_i h_1$$

Dies ist aus folgender Zeichnung ersichtlich.

Bild 2: Faktorladungen als Koordinaten im $\mathbb{R}^2$

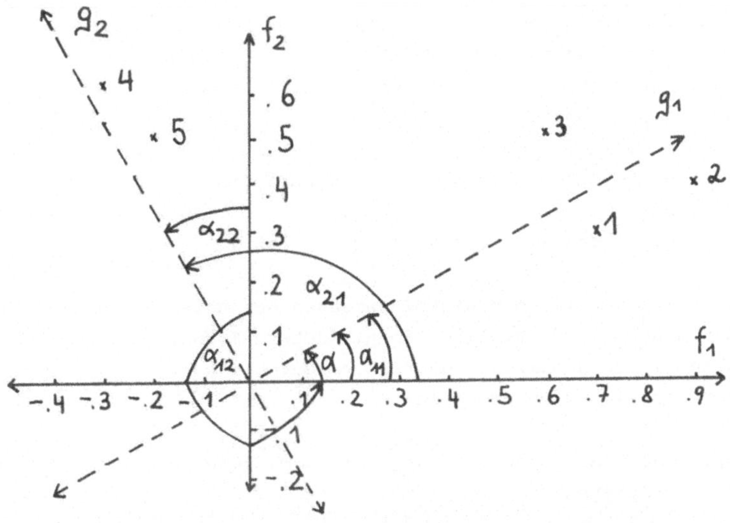

Wir sehen aus Tabelle 9, daß wir keine Variablengruppen mit Faktoren gleichsetzen können, obwohl uns Bild 2 nahelegt, Variable 1,2 und 3 sowie Variable 4 und 5 als eigene Gruppen zu betrachten.

Wir führen ein <u>gedrehtes</u> <u>Koordinatensystem</u> ein, indem wir eine Achse g_1 durch 1,2 und 3 legen und eine Achse g_2 senkrecht auf g_1 errichten. g_1 und g_2 sind strichliert eingezeichnet. Wenn wir das Koordinatensystem um ca. $29°$ drehen, können wir hohe

Ladungen von 1,2 und 3 auf g_1 und niedrige auf g_2, sowie hohe Ladungen von 4 und 5 auf g_2 und niedrige auf g_1 erwarten. Wir können dies tun, indem wir - da g_2 auf g_1 rechtwinkelig steht - eine orthogonale Transformationsmatrix $\underline{T}$ mit $\underline{T}'\,\underline{T} = \underline{I}$ einführen, sodaß gilt

$$3.4)\quad \underline{g} = \underline{T}\,\underline{f} \text{ mit } \underline{g}' = (g_1,\ g_2)$$
$$\underline{x} - \underline{u} = \underline{L}\,\underline{T}'\,\underline{I}\,\underline{f} = \underline{L}\,\underline{T}'\underline{g}$$
$$\underline{M} = \underline{L}\,\underline{T}'$$

Der Richtungsvektor g_j hat die Koordinaten $(t_{j1},\ t_{j2})$ bezüglich f_1, f_2. $x_i - u_i$ hat bezüglich des Koordinatensystems der g_j, $j = 1,2$ die Koordinaten $(m_{i1},\ m_{i2})$. $\underline{T}$ läßt sich im zweidimensionalen Fall bei bekanntem α leicht berechnen. Aus der Zeichnung folgt

$$3.5)\quad g_1 = (\cos\alpha,\ \sin\alpha),\ g_2 = (-\sin\alpha, \cos\alpha)$$
$$\text{bzw.}$$
$$3.6)\quad g_1 = (\cos\alpha_{11},\ \cos\alpha_{12}),\ g_2 = (\cos\alpha_{21},\ \cos\alpha_{22})$$

wenn α_{ij} jeweils den Winkel zwischen der neuen Achse i und der alten Achse j darstellt. Die einfachere Formel 3.5) gilt nur, wenn wir rechtwinkelig gedreht haben. Die Winkel sind entgegen dem Uhrzeigersinn gemessen.

Wir erhalten die neue Ladungsmatrix $\underline{M}$, indem wir $\underline{L}$ mit $\underline{T}'$ nach multiplizieren,

$$\underline{T}' = \begin{bmatrix} \cos\alpha & -\sin\alpha \\ \sin\alpha & \cos\alpha \end{bmatrix} = \begin{bmatrix} 0.875 & -0.485 \\ 0.485 & 0.875 \end{bmatrix} \text{ für } \alpha = 29^\circ$$

Tabelle 1o: Orthogonal rotierte Faktorladungsmatrix $\underline{M}$

$$\text{Faktoren}$$

Variable	g_1	g_2	h_i
1	o.758	-o.o77	o.762
2	o.982	-o.o87	o.985
3	o.768	o.147	o.781
4	o.o29	o.671	o.67o
5	o.o68	o.535	o.539

Die rotierte Ladungsmatrix $\underline{M}$ läßt eine sinnvolle inhaltliche Interpretation zu, indem Variable 1,2,3 mit Faktor g_1 und Variable 4,5 mit g_2 gleichgesetzt werden können.

Die am Beispiel durchgeführte Überlegung läßt sich für beliebige k verallgemeinern. f_1, f_2, ... f_k sind die orthonormalen Einheitsvektoren im $\mathbb{R}^k$. Bildet man $g_1...g_k$ mit $\underline{g} = \underline{T}\,\underline{f}$ und $\underline{T}'\,\underline{T} = \underline{I}$, sind die $g_1...g_k$ ein orthonormales k-Bein. Der Richtungsvektor g_j mit Länge 1 hat die Koordinaten $(t_{j1}...t_{jk}) = (\cos\alpha_{j1}...\cos\alpha_{jk})$ bezüglich $f_1,...f_k$. Da g_j Länge 1 hat,

$$\text{muß } \sum_{n=1}^{k} (\cos\alpha_{jn})^2 = 1 \text{ sein.}$$

m_{ij} aus $\underline{M} = \underline{L}\,\underline{T}'$ sind dann die Ladungen der Variablen i auf dem Faktor g_j im <u>gedrehten</u> <u>Koordinatensystem</u>. Bei <u>Orthogonalität</u> von T bleiben alle Eigenschaften der ursprünglichen Lösung insbesondere die <u>Gleichheit</u> von <u>Ladungs-</u> und <u>Strukturmatrix</u>, erhalten.

3.1.1 <u>Quartimaxrotation</u>

Es bleibt uns nun die Aufgabe, eine geeignete Matrix $\underline{T}$ zu suchen. C a r r o l l (1953), N e u h a u s und W r i g l e y (1954) und S a u n d e r s (196o) haben auf verschiedenen Wegen versucht, T h u r s t o n e s' Einfachstruktur durch <u>orthogonale</u> <u>Rotation</u> zu erreichen. Alle diese Überlegungen führen zum gleichen Ergebnis, für das der Name <u>Quartimax</u> vorgeschlagen wurde.

$\underline{T}'$ soll so gewählt werden, daß $\underline{T}$ orthogonal ist, d.h. $\underline{T}'\,\underline{T} = \underline{I}$ und daß der Ausdruck

$$3.7) \quad Q(\underline{T}') = \sum_{i=1}^{p} \sum_{j=1}^{k} m_{ij}^4 = \sum_{i=1}^{p} \sum_{j=1}^{k} (\sum_{q=1}^{k} l_{iq}\, t_{jq})^4$$

maximal wird.

Welche Gedanken führen zu diesem Kriterium $Q(\underline{T}')$?
Zunächst gilt

$$\sum_{j=1}^{k} m_{ij}^2 = \sum_{j=1}^{k} l_{ij}^2 = h_i^2 \quad \text{wegen} \quad \underline{M}\,\underline{M}' = \underline{L}\,\underline{T}'\,\underline{T}\,\underline{L}' = \underline{L}\,\underline{L}'$$

Daher sind

$$\sum_{i=1}^{p} \sum_{j=1}^{k} m_{ij}^2 = p - \sum_{i=1}^{p} u_i^2 \quad \text{und} \quad (\sum_{j=1}^{k} m_{ij}^2)^2 = (h_i^2)^2$$

konstant unter allen orthogonalen Transformationen $\underline{T}'$.

Gegeben sein im $\mathbb{R}^2$ ein Punkt P mit den Koordinaten (m_1, m_2) bezüglich eines orthogonalen Koordinatensystems. Bei fester Länge $h^2 = m_1^2 + m_2^2$ wird eine Koordinate von P umso größer, je näher sie bei einer Koordinatenachse liegt, bzw. je kleiner das Produkt $m_1^2\, m_2^2$ wird.
Wenn wir daher die neuen Ladungen m_{ij} so bestimmen, daß

$$3.8) \quad C = \sum_{j=1}^{k} \sum_{q=j+1}^{k} \sum_{i=1}^{p} m_{ij}^2\, m_{iq}^2$$

minimal wird, können wir erwarten, daß im wesentlichen die Forderungen c,d und e von T h u r s t o n e's Einfachstruktur beachtet werden.

Da $(\sum_{j=1}^{k} m_{ij}^2)^2 = \sum_{j=1}^{k} m_{ij}^4 + 2 \sum_{j=1}^{k} \sum_{q=j+1}^{k} m_{ij}^2\, m_{iq}^2$ konstant ist,

ist die Minimierung von C äquivalent mit der Maximierung von
Q in 3.7).

N e u h a u s und W r i g l e y orientieren sich an dem Kriterium, daß möglichst viele Ladungsquadrate m_{ij}^2 nahe 1 oder o
sein sollen. Dies bedeutet, daß die <u>Varianz</u> der <u>Verteilung</u> der
m_{ij}^2 ein <u>Maximum</u> erreichen soll. Für die Varianz V gilt

$$3.9)\quad V = \frac{1}{pk} \sum_{i=1}^{p} \sum_{j=1}^{k} (m_{ij}^2 - \bar{m}^2)^2$$

$$= \frac{1}{pk} \sum_{i=1}^{p} \sum_{j=1}^{k} m_{ij}^4 - (\bar{m}^2)^2 \quad \text{mit } \bar{m}^2 =$$

$$= \frac{1}{pk} \sum_{i=1}^{p} \sum_{j=1}^{k} m_{ij}^2 = \text{konstant}$$

Dies führt wieder zum Kriterium 3.7).

Wir bestimmen zunächst <u>T</u>' für den zweidimensionalen Fall.

$$3.1o)\quad \underline{T}' = \begin{pmatrix} \cos \alpha & -\sin \alpha \\ \sin \alpha & \cos \alpha \end{pmatrix} \quad \text{wegen } 3,5) \text{ und daher}$$

$$3.11)\quad m_{i1} = l_{i1} \cos \alpha + l_{i2} \sin \alpha$$
$$m_{i2} = -l_{i1} \sin \alpha + l_{i2} \cos \alpha$$

Wir setzen 3.11) in 3.7) ein

$$3.12)\quad Q = \sum_{j=1}^{2} \sum_{i=1}^{p} m_{ij}^4 = \sum_{i=1}^{p} (m_{i1}^4 + m_{i2}^4)$$

$$= \sum_{i=1}^{p} ((l_{i1} \cos \alpha + l_{i2} \sin \alpha)^4 +$$

$$(-l_{i1} \sin \alpha + l_{i2} \cos \alpha)^4)$$

Um Q zu maximieren, wird nach α differenziert und die erste
Ableitung o gesetzt. Längere Rechnung (Vgl. N e u h a u s und
W r i g l e y (1954), S. 83) ergibt

3.13) $\tan 4\,\alpha = Z/N$ mit

$$Z = 2 \sum_{i=1}^{p} (2\,l_{i1}\,l_{i2})(l_{i1}^2 - l_{i2}^2)$$

$$N = \sum_{i=1}^{p} ((l_{i1}^2 - l_{i2}^2)^2 - (2\,l_{i1}\,l_{i2})^2)$$

Damit Q an dieser Stelle ein Maximum annimmt, muß gelten

3.14) $\dfrac{d^2 Q}{d\alpha^2} = -\,4N \cos 4\,\alpha - 4Z \sin 4\,\alpha < 0$

3.13) und 3.14) ergeben zusammen eine <u>eindeutige</u> Festlegung von α, die durch 3.13) allein nicht gegeben ist, da der $\tan 4\,\alpha = \tan n\,\pi + 4\,\alpha$, $n = 0, \pm 1, \pm 2, \ldots$

3.14) kann umgeformt werden zu

3.15) $-\dfrac{N^2 + Z^2}{Z} \sin 4\,\alpha < 0$

Da $N^2 + Z^2$ immer > 0, muß gelten $\dfrac{1}{Z} \sin 4\alpha > 0$, damit ein Maximum vorliegt. Z und $\sin 4\,\alpha$ müssen daher immer das <u>gleiche Vorzeichen</u> aufweisen. Zur endgültigen Bestimmung von α benutzen wir die von H a r m a n (1967, S. 3o1) vorgeschlagene Tabelle.

Tabelle 1: Bestimmung des Rotationswinkels α

Vorzeichen von					
Z, sin 4 α	N	tan 4 α	cos 4 α	Quadrant von 4 α	Grenzen für α
+	+	+	+	Q_1: $0^o - 90^o$	$0^o - 22,5^o$
+	−	−	−	Q_2: $90^o - 180^o$	$22,5^o - 45^o$
−	−	+	−	Q_3: $180^o - 270^o$	$-45^o - (-22,5^o)$
−	+	−	+	Q_4: $270^o - 360^o$	$-22,5^o - 0^o$

Für mehr als 2 Faktoren verwenden wir folgenden <u>Iterationsprozeß</u>:

1. Verwende $\underline{l}_1$, $\underline{l}_2$ aus $\underline{L} = (\underline{l}_1, \underline{l}_2, \ldots \underline{l}_k)$, um nach 3.13) α_1 und $\underline{T}_1'$ zu bestimmen.
2. Berechne $\underline{m}_1^1$ und $\underline{m}_2^1$ durch $(\underline{m}_1^1, \underline{m}_2^2) = (\underline{l}_1, \underline{l}_2) \, \underline{T}_1'$
3. Verwende $\underline{m}_1^1$, $\underline{l}_3$, um aus 3.13) α_2 und $\underline{T}_2'$ zu erhalten.
4. Berechne $\underline{m}_1^2$ und $\underline{m}_3^2$ mit $(\underline{m}_1^2, \underline{m}_3^2) = (\underline{m}_1^1, \underline{l}_3) \, \underline{T}_2'$
5. Dieser Prozeß wird für alle $k(k-1)/2$ Paare $(1,2)$, $(1,3) \ldots (k-1,k)$ fortgesetzt.

   Sind alle Paare durchlaufen, ist ein Rotationszyklus beendet.
6. Prüfe, ob sich $Q(\underline{T}')$ noch um ε im letzten Zyklus erhöht hat. Wenn ja, Rücksprung zu 1. Wenn nein, endet das Verfahren.

Da $Q = \sum\limits_{i=1}^{p} \sum\limits_{j=1}^{p} m_{ij}^4 \leqslant p$, ist die Konvergenz des Verfahrens gesichert.

Da die q-te Iteration immer mit den bereits vorher rotierten Vektoren $(\underline{m}_1^q, \ldots \underline{m}_k^q)$ rechnet, läßt sich der Gesamtprozeß darstellen durch

$$3.16) \quad \underline{M} = \underline{L} \, \underline{T}_1' \cdot \underline{T}_2' \ldots \underline{T}_q' , \ldots \underline{T}_z' = \underline{L} \, \underline{T}' \text{ mit } \underline{T}' = \prod_{q=1}^{z} \underline{T}_q' .$$

Als Beispiel für die Quartimax Rotation verwenden wir wieder unsere Aufstiegsvariablen. Ausgehend von einer iterierten Hauptfaktorenlösung wurde mit SPSS nach Quartimax rotiert.

Tabelle 12: Iterierte Hauptfaktorenlösung mit Quartimaxrotation für Aufstiegsvariable

	FACTOR 1	FACTOR 2	FACTOR 3	COMMUNALITY
V1	0.692	-0.383	-0.016	0.627
V2	0.581	-0.329	-0.130	0.464
V3	0.679	-0.229	0.005	0.514
V4	0.546	-0.245	0.195	0.396
V5	0.452	0.503	-0.459	0.669
V6	0.339	0.398	-0.322	0.377

	FACTOR 1	FACTOR 2	FACTOR 3	COMMUNALITY
V7	o.461	o.352	o.448	o.538
V8	o.296	o.626	o.14o	o.499
V9	o.12o	o.298	o.38o	o.248

QUARTIMAX ROTATED FACTOR MATRIX

	FACTOR 1	FACTOR 2	FACTOR 3
V1	o.79o	o.039	-o.o25
V2	o.663	o.1o4	-o.113
V3	o.7o3	o.119	o.o76
V4	o.6o2	-o.o67	o.17o
V5	o.124	o.8o4	o.o81
V6	o.o83	o.6o2	o.o9o
V7	o.239	o.117	o.683
V8	-o.o5o	o.429	o.559
V9	-o.o3o	-o.oo9	o.497

TRANSFORMATION MATRIX

	FACTOR 1	FACTOR 2	FACTOR 3
FACTOR 1	o.865	o.398	o.3o2
FACTOR 2	-o.498	o.643	o.58o
FACTOR 3	o.o36	-o.653	o.756

Beim Vergleich der unrotierten Faktorladungsmatrix L und der
rotierten Matrix M fällt auf, daß Gruppen von Variablen viel
leichter mit Faktoren identifiziert werden können. Variable
V1 bis V4 laden hoch auf Faktor 1, niedrig auf Faktor 2 und 3,
V5 und V6 laden hoch auf Faktor 2 und niedrig auf den anderen
Faktoren. V7 und V8 laden wie V9 am höchsten auf Faktor 3,
aber auch hoch auf Faktor 1 (o.239) bzw. Faktor 2 (o.429).

Insgesamt kann Faktor 1 mit Leistung, Verläßlichkeit, Fach-
kenntnis, persönlichem Auftreten als "Leistungsfaktor" identifiziert werden, während Faktor 2 als "Aufstieg durch Alters-

vorrückung" charakterisiert werden kann. Faktor 3 wird am
stärksten durch Beziehungen und Parteibuch geprägt, allerdings ist hier das Kriterium der Einfachstruktur am schlech-
testen erfüllt.

3.1.2 <u>Varimaxrotation</u>

Beim Quartimax Kriterium wird, wie aus 3.9) ersichtlich, die
Gesamtvarianz aller Variablenladungen maximiert. K a i s e r
(1958) nimmt, um eine bessere Annäherung an die gewünschte
Einfachstruktur zu erreichen, zwei Änderungen vor. Er führt
zunächst den Begriff der Einfachheit eines Faktors ein. Diese
ist umso größer, je höher der Anteil der Zahlen 1 oder o in
einer Spalte von $\underline{M}$ ist. Dies ist äquivalent zur Forderung,
daß die quadrierten Ladungen m_{ij}^2 für festes j maximale Varianz besitzen. K a i s e r setzt daher Einfachheit und Varianz s_j^2 des Faktors j gleich

$$3.17) \quad s_j^2 = \frac{1}{p} \sum_{i=1}^{p} (m_{ij}^2)^2 - \frac{1}{p^2} (\sum_{i=1}^{p} m_{ij}^2)^2$$

Die Gesamteinfachheit ist gleich der Summe über s_j^2.

$$3.18) \quad s^2 = \sum_{j=1}^{k} s_j^2 = \frac{1}{p} \sum_{j=1}^{k} \sum_{i=1}^{p} (m_{ij}^2)^2 - \frac{1}{p^2} \sum_{j=1}^{k} (\sum_{i=1}^{p} m_{ij}^2)^2$$

Die Maximierung von s^2 wird als <u>rohes</u> <u>Varimax Kriterium</u> bezeichnet. Die Ergebnisse unterscheiden sich nur wenig von
Quartimax. K a i s e r hat daher vorgeschlagen, die Werte
m_{ij} zu "<u>normalisieren</u>", d.h. m_{ij} wird durch die Länge

$$h_i = (\sum_{j=1}^{k} m_{ij}^2)^{\frac{1}{2}} = (\sum_{j=1}^{k} l_{ij}^2)^{\frac{1}{2}}$$

dividiert. Die Wirkung läßt sich an einer Zeichnung am leich-
testen darstellen.

Bild 3: Achsenziehung bei nicht normalisierten und bei normalisierten Ladungen

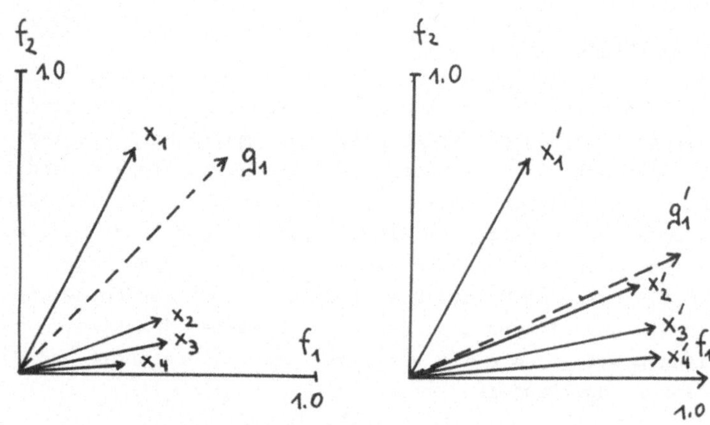

x_1 bis x_4 bilden eine Variablengruppe, durch die eine Achse
g_1 gezogen werden soll. x_1 beeinflußt die Achsenziehung über
Gebühr, da die Kommunalität h_1^2 wesentlich größer als die der
anderen Variablen ist. Die "normalisierten" Variablen x_1' bis
x_4' ergeben eine andere Achse g_1', die für einen größeren Anteil von Variablen hohe Ladungen auf g_1' und niedrige Ladungen
auf dem dazu orthogonalen Faktor g_2' erwarten läßt. K a i s e r
empfiehlt daher, folgenden Ausdruck zu maximieren.

$$3.19) \quad V = p \sum_{j=1}^{k} \sum_{i=1}^{p} (m_{ij}/h_i)^4 - \sum_{j=1}^{k} (\sum_{i=1}^{p} m_{ij}^2/h_i^2)^2$$

Wie im Quartimax Verfahren suchen wir die Lösung zunächst für
den Fall mit k = 2 Faktoren. Wir bilden zunächst die normalisierten Ladungen

$$3.2o) \quad l'_{i1} = l_{i1}/b_1 \qquad \text{mit } h_i = \sqrt{l^2_{i1} + l^2_{i2}}$$
$$l'_{i2} = l_{i2}/h_i$$

Bei orthogonaler Rotation lassen sich die ebenfalls normalisierten rotierten Ladungen wegen 3.11) darstellen durch

$$3.21) \quad m'_{i1} = l'_{i1} \cos \alpha + l'_{i2} \sin \alpha$$
$$m'_{i2} = -l'_{i1} \sin \alpha + l'_{i2} \cos \alpha$$

Einsetzen von 3.21) in 3.19), Berechnen und Nullsetzen der ersten Ableitung nach ergibt nach längerer Rechnung (K a i - s e r (1959))

$$3.22) \quad \tan 4 \alpha = (D - 2AB/p) \,/\, (C - (A^2 - B^2)/p) \text{ mit}$$

$$u_i = l'^2_{i1} - l'^2_{i2} \qquad\qquad B = \sum_{i=1}^{p} v_i$$

$$v_i = 2l'_{i1} l'_{i2} \qquad\qquad C = \sum_{i=1}^{p} (u_i^2 - v_i^2)$$

$$A = \sum_{i=1}^{p} u_i \qquad\qquad D = 2\sum_{i=1}^{p} u_i v_i$$

Die Bedingungen für ein Vorliegen des Maximums in 3.19) führen zu denselben Kriterien für die eindeutige Bestimmung von α wie beim Quartimaxkriterium. Für Z und N in Tabelle 1 sind der Zähler bzw. Nenner von 3.22) einzusetzen.

Schließlich müssen nach Berechnung von m'_{i1} und m'_{i2} diese Werte wieder mit h_i multipliziert werden.

$$3.23) \quad m_{i1} = m'_{i1} h_i$$
$$m_{i2} = m'_{i2} h_i$$

Für mehr als 2 Faktoren läuft der Iterationsprozeß ab, der bereits bei der Quartimaxlösung beschrieben wurde. Wird mit weniger als k Faktoren rotiert, ist darauf zu achten, daß h_i nur aus den Faktoren berechnet wird, mit denen tatsächlich rotiert wird, sodaß $h_i^2 = \sum_{j=1}^{n} l_{ij}^2$ mit $n < k$.

Als Beispiel gehen wir wieder von der iterierten Hauptfaktorenlösung der Aufstiegsvariablen aus und geben die Ladungsmatrix $\underline{M}$ sowie die Transformationsmatrix $\underline{T}'$ an.

Tabelle 13: Nach Varimax rotierte Ladungsmatrix der Aufstiegsvariablen sowie Transformationsmatrix

VARIMAX ROTATED FACTOR MATRIX

	FACTOR 1	FACTOR 2	FACTOR 3
V1	0.790	0.053	-0.017
V2	0.662	0.116	-0.106
V3	0.700	0.132	0.083
V4	0.601	-0.055	0.177
V5	0.108	0.807	0.076
V6	0.071	0.604	0.086
V7	0.229	0.127	0.685
V8	-0.064	0.432	0.555
V9	-0.035	-0.005	0.497

TRANSFORMATION MATRIX

	FACTOR 1	FACTOR 2	FACTOR 3
FACTOR 1	0.855	0.416	0.308
FACTOR 2	-0.516	0.638	0.569
FACTOR 3	0.039	-0.646	0.761

Beim Vergleich mit der nach Quartimax rotierten Ladungsmatrix
fallen keine wesentlichen Unterschiede ins Auge, die Interpretation bleibt daher gleich.

Wir haben eine große Anzahl von Faktorenanalysen sowohl mit
Quartimax- und Varimaxrotation gerechnet und dabei nur dann
größere Unterschiede festgestellt, wenn in den Variablen, die

auf demselben Faktor liegen, große Unterschiede in den Kommunalitäten auftreten. Dies ist auf die Wirkung der Normalisierung zurückzuführen. Ist h_i einer Variablen i in der Nähe von 1 und sind die Kommunalitäten der anderen Variablen klein oder mittelgroß, werden sich die Ladungen von i am meisten unterscheiden. Ist ein h_i in der Nähe von o und sind die anderen h_l, $l \neq i$ wesentlich größer, ist es am besten, Item i aus der Gruppe zu eliminieren.

Die Varimax Rotation ist die wohl am häufigsten angewendete Transformation der Faktorenanalyse und daher standardmäßig in SPSS eingebaut, mit dem auch das obige Beispiel gerechnet wurde.

3.2 Schiefwinkelige (oblique) Rotation

3.2.1 Geometrische Überlegungen

Wir haben jetzt - sowohl bei der direkten Lösung des Faktorproblems als auch bei orthogonaler Transformation - angenommen, daß die Faktoren $f_1, \ldots f_k$ zueinander orthogonal sind, d.h. $E \underline{f} \underline{f}' = \underline{I}$. Inhaltlich gesehen, ist das eine unzulässige Einschränkung, da häufig gerade die Erforschung des Zusammenhangs zwischen latenten Variablen Ziel einer Wissenschaft ist.

Zum besseren Verständnis sind einige geometrische Überlegungen für schiefwinkelige Koordinatensysteme nützlich. Wie im orthogonalen Fall führen wir - ausgehend von einer orthogonalen Lösung - wieder ein gedrehtes Koordinatensystem ein. Da die Forderung der Orthogonalität $\underline{T}'\underline{T} = \underline{I}$ nicht mehr erfüllt sein muß, gilt allgemein für eine kxk Transformationsmatrix $\underline{T}$

$$3.24) \quad \underline{x} = \underline{L}\,\underline{f} = \underline{L}\,\underline{T}^{-1}\,\underline{T}\,\underline{f} + \underline{u} = \underline{M}\,\underline{g} + \underline{u}$$
$$\text{mit } \underline{g} = \underline{T}\,\underline{f} \text{ und } \underline{M} = \underline{L}\,\underline{T}^{-1}$$

Für die Kovarianz oder Korrelationsmatrix $\underline{S}$ erhalten wir

$$3.25) \quad \underline{S} = \underline{L}\,\underline{L}' + \underline{U}^2 = \underline{L}\,\underline{T}^{-1}\,\underline{T}\,\underline{T}'\underline{T}'^{-1}\,\underline{L}' + U^2$$
$$= \underline{M}\,\underline{P}\,\underline{M}' + \underline{U}^2$$
$$\text{mit } \underline{P} = E\,\underline{g}\,\underline{g}' = \underline{T}\,\underline{T}'.$$

Wenn die neuen Faktoren g_j, $j=1,\ldots k$ ebenfalls standardisierte Zufallsvariable sein sollen, muß $\underline{P}$ eine Korrelationsmatrix sein, d.h. diag $\underline{T}\,\underline{T}' = \underline{I}$.

Wenn wir annehmen, daß die x_1 ebenfalls standardisiert sind, ist die Matrix $\underline{W}$ der <u>Korrelationen</u> zwischen <u>Variablen</u> und <u>Faktoren</u> gegeben durch

$$3.26) \quad \underline{W} = E\,\underline{x}\,\underline{g}' = E\,(\underline{M}\,\underline{g} + u)\,\underline{g}' = \underline{M}\,E\,\underline{g}\,\underline{g}' = \underline{M}\,\underline{P} = \underline{M}(\underline{T}\,\underline{T}')$$

Umgekehrt gilt:

$$3.27) \quad \underline{M} = \underline{W}\,\underline{P}^{-1} = \underline{W}(\underline{T}\,\underline{T}')^{-1} = \underline{W}\,\underline{T}'^{-1}\,\underline{T}^{-1}.$$

Im Gegensatz zur orthogonalen Rotation sind also <u>Ladungsmatrix</u> <u>M</u> und <u>Strukturmatrix</u> <u>W</u> <u>nicht</u> mehr <u>gleich</u>. Die Ladungen besitzen daher auch nicht mehr die Eigenschaften eines Korrelationskoeffizienten. Insbesondere sind sie nicht mehr normiert, es können auch Ladungen $m_{ij} > 1$ auftreten, z.B. bei Punkten, die von zwei stumpfwinkelig aufeinanderstehenden Achsen eingeschlossen sind.

Gegeben seien zwei orthogonale Faktoren f_1 und f_2 der Länge 1 die ein Koordinatensystem bilden. Wir zeichnen zwei neue schiefwinkelige Faktoren g_1 und g_2 der Länge 1 sowie einen Punkt P ein.

Bild 4: Orthogonales und schiefwinkeliges Koordinatensystem

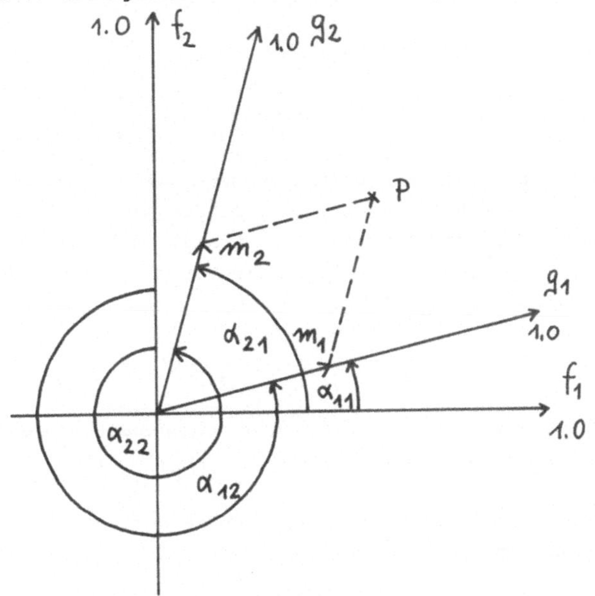

Die Koordinaten von g_1 bezüglich f_1 und f_2 sind, wie aus
Bild 4 ersichtlich, dann $(t_{11}, t_{12}) = (\cos \alpha_{11}, \cos \alpha_{12})$, die
Koordinaten von g_2 $(t_{21}, t_{22}) = (\cos \alpha_{21}, \cos \alpha_{22})$, wobei jeweils der erste Index die neue Achse, der zweite Index die
alte Achse bezeichnet. $\cos \alpha_{ij}$ wird als Richtungscosinus bezeichnet. Die Drehung erfolgt jeweils gegen den Uhrzeigersinn.

Der Punkt P hat bezüglich der neuen Achsen g_1, g_2 die Koordinaten (m_1, m_2), wobei (m_1, m_2) aus der Nachmultiplikation der
alten Koordinaten (l_1, l_2) mit $\underline{T}^{-1}$ entsteht.
Da $P = (m_1, m_2)$ als Linearkombination von g_1 und g_2 entsteht,
also als gewichtete Addition der Einheitsvektoren im neuen
Koordinatensystem, müssen (m_1, m_2) die achsparallelen Projektionen von P auf g_1 und g_2 sein. Sie sind im Bild strichliert
gezeichnet.

$$3.28) \quad h^2 = m_1^2 + m_2^2 - 2 \cos (180^{\circ} - \delta_{12}) \, m_1 m_2$$

$$= m_1^2 + m_2^2 + 2 \, m_1 m_2 \, \cos \delta_{12}$$

wobei δ_{12} der Winkel zwischen den neuen Achsen g_1 und g_2 ist.

Interpretiert man m_1, m_2 als Faktorladungen sowie $\cos \delta_{12}$ als Korrelation zwischen den Faktoren, erhält man als Länge von P die Formel für die Kommunalität im nicht orthogonalen Fall, die der allgemeinen Formel für die Varianz von Summen von Zufallsvariablen entspricht.

$$3.29) \quad \underline{H}^2 = \underline{I} - \underline{U}^2 = \text{diag} \, (\underline{L} \, \underline{L}') = \text{diag} \, (\underline{M} \, \underline{P} \, \underline{M}')$$

Wir betrachten jetzt noch im Bild 5 die orthogonale Projektion von P auf die neuen Achsen g_1, g_2.

Bild 5: Orthogonale Projektion eines Punktes auf schiefwinkelige Achsen

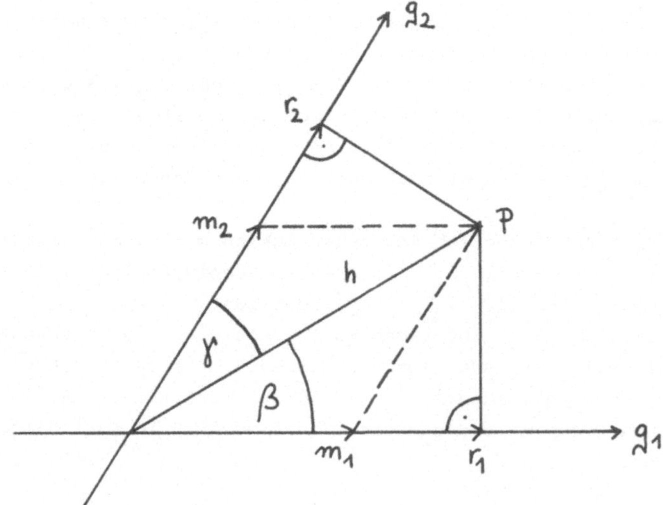

Bezeichnen wir mit h die Länge des Vektors P und mit β und γ die Winkel zwischen P und g_1 sowie g_2, erkennen wir sofort aus Bild 5, daß die Projektion r_1 von P auf g_1 gegeben ist durch $r_1 = h \cos \beta$ und die Projektion r_2 von P auf g_2 durch $r_2 = h \cos \gamma$. Da g_1 und g_2 die Längen $h_1 = h_2 = 1$ haben, gilt

$$3.3o) \quad r_1 = h_1 \ h \cos \beta, \quad r_2 = h_2 \ h \cos \gamma$$

Wie wir uns bereits nach Bild 2 überlegt haben, ist die Korrelation zwischen zwei Variablen x_i', x_1' mit $x_i' = x_i - \dot{u}_i$ darstellbar als $r_{x_i' \, x_1'} = \cos \alpha \ h_i \ h_1$.

Auf 3.3o angewendet, bedeutet dies, daß r_1 und r_2 als Korrelationen von P mit den Faktoren g_1 und g_2 aufgefaßt werden können. Wir erhalten somit als Resultat. Die <u>Ladungsmatrix</u> <u>M</u> ist als Matrix der <u>achsparallelen Projektionen</u> der Variablen auf die Faktoren aufzufassen.
Die Strukturmatrix <u>W</u> der Korrelationen der Variablen mit den Faktoren stellt die <u>orthogonalen Projektionen</u> der Variablen aúf die Faktoren dar.

Diese Überlegungen lassen sich auf den k-dimensionalen Raum $\mathbb{R}^k$ ausdehnen. Sind beide Koordinatensysteme $f_1 \ldots f_k$, $g_1 \ldots g_k$ auf Längen 1 normiert, so heißt die Matrix der Koordinaten von $g_1 \ldots g_k$ bezüglich $f_1 \ldots f_k$ die Matrix der Richtungskosinusse,

$$3.31) \quad \underline{T} = \begin{bmatrix} t_{11} \cdots t_{1k} \\ \\ t_{k1} \cdots t_{kk} \end{bmatrix} = \begin{bmatrix} \cos \alpha_{11} \cdots \cos \alpha_{1k} \\ \\ \cos \alpha_{k1} \cdots \cos \alpha_{kk} \end{bmatrix}$$

Da Bedingung diag $\underline{T} \ \underline{T}' = I \iff \sum_{j=1}^{k} \alpha_{ij}^2 = 1$ für alle $i=1,2\ldots k$

erfüllt. α_{ij} ist jeweils der Winkel zwischen der i-ten neuen und der j-ten alten Achse.
Alle weiteren Überlegungen bleiben gleich.

3.2.2 <u>Direkte Oblimin-Verfahren</u>

Die Fülle von obliquen Rotationsverfahren ist außerordentlich
groß. Einen guten Überblick dazu bietet H a r m a n (1967,
S. 314 ff), zwei der wichtigsten Verfahren, Quartimin und Pro-
max, sind auch in H o l m (1976, S. 113 ff) beschrieben.

Der größte Teil dieser Verfahren geht auf eine Überlegung
T h u r s t o n e s zurück. T h u r s t o n e führt die sogenannte <u>Referenzachsen</u> ein, die zu den bisher betrachteten
Achsen <u>orthogonal</u> stehen, um Einfachstrukturen zu erzielen.
Die Korrelationen der Variablen mit diesen Referenzachsen soll
nun ein Minimum werden. Da die Referenzachsen orthogonal zu
den bisherigen Achsen stehen, erreicht man hohe Korrelation
mit den anderen Achsen. Darauf aufbauend wurden eine Reihe
von Rotationskriterien definiert. Der Nachteil ist, daß die
Referenzachsen <u>inhaltlich</u> viel <u>schwerer</u> <u>interpretierbar</u> sind
und daß nicht die Ladungen, sondern die Korrelationen bei der
Minimierung berücksichtigt werden. Das Konzept der Referenzachsen und seine Verbindung zu den bisher besprochenen "Pri-
märachsen" wird in H a r m a n (1967, S. 285 ff) ausführlich
dargestellt, eine kürzere Darstellung bietet H o l m (1976,
S. 1o9 ff).

In Anlehnung an das Quartimaxkriterium, für das wegen der
Ausführungen in 3.1 Gleichung 3.8)

$$C = \sum_{j=1}^{k} \sum_{q=j+1}^{k} \sum_{i=1}^{p} m_{ij}^{2}\, m_{iq}^{2} \ \dots \ \text{Min!}$$

gelten muß, hat C a r r o l (1953) das Quartiminkriterium
formuliert.

$$3.32) \quad C^{*} = \sum_{j=1}^{k} \sum_{q=j+1}^{k} \sum_{i=1}^{p} v_{ij}^{2}\, v_{iq}^{2} \ \dots \ \text{Min!}$$

wobei v_{ij}^{2}, v_{iq}^{2} die <u>Korrelationen</u> der Variablen i mit den Referenzachsen j und q sind. Es wird daher als <u>indirektes</u> <u>Quartiminkriterium</u> bezeichnet. Die Forderung nach Orthogonalität wurde dabei natürlich fallen gelassen.

Als Verallgemeinerung seines Varimax-Kriteriums hat K a i s e r (1958) das sogenannte <u>Covariminkriterium</u> vorgeschlagen.

$$3.33) \quad V^* = \sum_{j=1}^{k} \sum_{q=j+1}^{k} (p \sum_{i=1}^{p} v_{ij}^2 v_{iq}^2 - (\sum_{i=1}^{p} v_{ij}^2)(\sum_{i=1}^{p} v_{iq}^2))$$

D.h. die Kovarianzen der Spalten der Matrix der quadrierten Korrelationen zwischen den Variablen und den Referenzachsen werden minimiert.

C a r r o l (196o) hat die Kriterien C* und V* zu einem allgemeinerem Kriterium kombiniert

$$3.34) \quad B = \sum_{j=1}^{k} \sum_{q=j+1}^{k} (p \sum_{i=1}^{p} v_{ij}^2 v_{iq}^2 - \gamma (\sum_{i=1}^{p} v_{ij}^2)(\sum_{i=1}^{p} v_{iq}^2)) \text{mit}$$

$\gamma \varepsilon [o,1]$

Wird wiederum mit Division durch h_i^2 normalisiert, erhält man das <u>allgemeine</u> <u>Oblimin-Kriterium</u>, das als Spezialfälle für $\gamma = o$ das Quartimin, für $\gamma = \frac{1}{2}$ das Biquartimin, für $\gamma = 1$ das Covarimin-Kriterium enthält. Quartimin ist dabei das schiefwinkeligste, Covarimin das am wenigsten schiefwinkelige Verfahren.
Man beachte, daß alle diese Verfahren indirekt sind, daß sie sich nicht auf die Faktorladungen, sondern auf die Korrelationen mit den Referenzachsen als Minimierungskriterien beziehen.

Als Beispiel für das Quartiminverfahren verwenden wir die Korrelationsmatrix der Aufstiegsvariablen mit einer nichtiterierten Hauptfaktorenlösung als direkter Lösung (Als Kommunalitätenschätzer werden die multiplen Bestimmtheitsmaße verwen-

det). Gerechnet wurde mit dem von H o l m (1976) entwickel-
ten Programm zur Quartiminrotation.

Tab. 14: Orthogonale Ladungsmatrix $\underline{L}$ (nicht iteriert) der
Aufstiegsvariablen. Korrelationsmatrix $\underline{P}$ der Faktoren, Strukturmatrix $\underline{W}$ und Ladungsmatrix $\underline{M}$, nach
indirektem Quartiminverfahren rotiert.

VARIABLE	KOMMUNALITÄT	VARIABLE	KOMMUNALITÄT
V1	o.456	V6	o.279
V2	o.373	V7	o.316
V3	o.4o3	V8	o.35o
V4	o.31o	V9	o.153
V5	o.345		

MATRIX DER KORRELATIONEN ZWISCHEN DEN SCHIEFWINKELIGEN ACHSEN

FAKTOR 1	FAKTOR 2	FAKTOR 3
1.ooo	o.228	o.17o
o.228	1.ooo	o.557
o.17o	o.557	1.ooo

MATRIX DER AUF DIE SCHIEFWINKELIGEN ACHSEN RECHTWINKELIG PRO-
JIZIERTEN VARIABLEN

	FAKTOR 1	FAKTOR 2	FAKTOR 3
V1	o.747	o.144	o.o79
V2	o.654	o.173	o.oo6
V3	o.696	o.231	o.186
V4	o.593	o.o56	o.196
V5	o.186	o.679	o.358
V6	o.137	o.612	o.3o8
V7	o.262	o.295	o.622
V8	o.o14	o.513	o.633
V9	-o.oo9	o.o93	o.447

MATRIX DER AUF DIE SCHIEFWINKELIGEN ACHSEN ACHPARALLEL PROJI-
ZIERTEN VARIABLEN

	FAKTOR 1	FAKTOR 2	FAKTOR 3
V1	o.755	-o.oo2	-o.o48
V2	o.656	o.12o	-o.172
V3	o.676	o.o54	o.o41
V4	o.6o3	-o.193	o.2o1
V5	o.o35	o.688	-o.o31
V6	-o.ooo	o.639	-o.o48
V7	o.176	-o.1o8	o.652
V8	-o.132	o.259	o.511
V9	-o.o58	-o.215	o.577

Zur Interpretation ist vor allem die Ladungsmatrix $\underline{M}$, die
Matrix der achsparallelen Projektion interessant. Gegenüber etwa der Quartimax-Rotation zeigt sich eine deutlichere Identi-
fizierung der Variablengruppen. Dies gilt besonders für Faktor 3, der durch V7 bis V9, Beziehungen, Parteibuch und Mitgliedschaft in betrieblichen Freizeitorganisationen charakterisiert ist. Die Ladungsmatrix $\underline{M}$ kommt einer Einfachstruktur schon sehr nahe. Variable mit hohen Ladungen auf einem
Faktor laden deutlich niedriger auf allen anderen. Die ebenfalls angegebenen Korrelationen zwischen den Faktoren weisen
eine geringe Korrelation zwischen 1 und 2 (o.228) und zwischen
1 und 3 (o.17o) auf, dagegen eine stärkere Korrelation zwischen 2 und 3. Inhaltlich bedeutet dies eine Gegenüberstellung
zwischen dem Leistungsfaktor g_1 und den "Alters"- und "Parteibuch"-Faktoren g_2 und g_3.

Wir haben in zahlreichen empirischen Untersuchungen das eben
vorgeführte Programm mit Quartiminrotation verwendet und damit ins besondere bei der Analyse von Fragebatterien gute Erfahrungen gemacht. Insbesondere lassen sich Variable, die nur
auf ihrem spezifischen Faktor hoch laden, leicht erkennen und
damit _eliminieren_. H o l m (1976) hat für dieses Problem ein

eigenes Programm, die sogenannte <u>Gruppenrotation</u> entwickelt.

Rotationsverfahren lassen sich auch <u>ohne den Umweg</u> über <u>Referenzachsen</u> durchführen. Wir besprechen daher die insbesondere in deutschsprachigen Publikationen wenig bekannte <u>direkte</u> Oblimin-Methode, die auch in SPSS als schiefwinkeliges Rotationsverfahren verwendet wird.

J e n n r i c h und S a m p s o n (1966) gehen vom <u>direkten</u> <u>Quartimin-Kriterium</u> aus.

$$3.35) \quad C = \sum_{j=1}^{k} \sum_{q=j+1}^{k} \sum_{i=1}^{p} m_{ij}^2 \, m_{iq}^2 \; \ldots \; \text{Min!}$$

Dazu führen wir einen iterativen Prozeß <u>"einfacher"</u> Rotationen durch. Eine einfache Rotation für den j-ten Faktor besteht im Aufsuchen eines neuen Faktors g_j in Abhängigkeit von f_j und einem beliebigen anderen Faktor f_q, sodaß C in 3.35) minimiert wird. Der rotierte Faktor g_j läßt sich, wenn wir ohne Beschränkung der Allgemeinheit $j = 1$ und $q = 2$ setzen, darstellen durch

$$3.36) \quad g_1 = t_1 f_1 + t_2 f_2$$

Er weist also die Koordinaten t_1, t_2 bezüglich f_1, f_2 auf und muß die Nebenbedingung erfüllen, daß g_1 die Länge 1 hat

$$3.37) \quad 1 = E\,g_1^2 = E(t_1 f_1 + t_2 f_2)^2 = t_1^2 \, E \, f_1^2 + 2\,t_1 t_2 r_{12} + t_2^2 \, E \, f_2^2$$

$$= t_1^2 + 2\,t_1 t_2 r_{12} + t_2^2, \text{ da } f_1 \text{ und } f_2 \text{ die Länge 1 haben.}$$

Geht man von den ursprünglichen orthogonalen Faktoren f_1 und f_2 aus, ist die Korrelation p_{12} selbstverständlich o.
Wir können jetzt $x_i - u_i$ durch zwei verschiedene Schreibweisen darstellen und einen Koeffizientenvergleich durchführen.

$$3.38) \quad x_i - u_i = l_{i1}f_1 + l_{i2}f_2 + \sum_{j=3}^{k} l_{ij}f_j$$

$$x_i - u_i = m_{i1}g_1 + m_{i2}f_2 + \sum_{j=3}^{k} m_{ij}f_j =$$

$$= m_{i1}t_1f_1 + m_{i1}t_2f_2 + m_{i2}f_2 + \sum_{j=3}^{k} l_{ij}f_j =$$

$$= m_{i1}t_1f_1 + (m_{i1}t_2 + m_{i2})\,f_2 + \sum_{j=3}^{k} l_{ij}f_j$$

Daraus folgt

$$3.39) \quad m_{i1} = \frac{1}{t_1}\,l_{i1}, \quad m_{i2} = -\frac{t_2}{t_1}\,l_{i1} + l_{i2}$$

$$\text{und } m_{ij} = l_{ij} \text{ für } j = 3,\dots k$$

Die Funktion $C(\underline{M})$ in 3.33) läßt sich nach Ausmultiplizieren
schreiben als

$$3.4o) \quad C\,(\underline{M}) = \sum_{j<q}^{k} \sum_{i=1}^{p} m_{ij}^2\, m_{iq}^2 =$$

$$= \sum_{i=1}^{p} m_{i1}^2\, m_{i2}^2 + \sum_{i=1}^{p} (m_{i1}^2 + m_{i2}^2)\sum_{q=3}^{k} m_{iq}^2 + K$$

wobei K von t_1 und t_2 unabhängig ist.
Wir müssen daher nach Einsetzen von 3.39) die Funktion

$$3.41) \quad f\,(t_1,\, t_2) = \sum_{i=1}^{p} (\frac{1}{t_1}\,l_{i1})^2\,(\frac{t_2}{t_1}\,l_{i1} - l_{i2})^2 +$$

$$+ \sum_{i=1}^{p} ((\frac{1}{t_1}\,l_{i1})^2 + (\frac{t_2}{t_1}l_{i1} - l_{i2})^2)\sum_{q=3}^{k} l_{iq}^2$$

unter Berücksichtigung von 3.37) minimieren.
Dazu formen wir noch folgendermaßen um:
Sei $\gamma = \frac{1}{t_1},\ \delta = \frac{t_2}{t_1}$

Dann erhalten wir für 3.37) und 3.41) nach einigen Umformungen

$$3.42) \quad \gamma^2 = 1 + 2p_{12}\delta + \delta^2$$

$$3.43) \quad f(\gamma,\delta) = a + b\delta + c\delta^2 + d\delta^3 + e\delta^4$$

$$\text{mit } a = \sum_{i=1}^{p} l_{i1}^2 \sum_{q=3}^{k} l_{iq}^2 + \sum_{i=1}^{p} l_{i2}^2 \sum_{q=3}^{k} l_{iq}^2 + \sum_{i=1}^{p} l_{i1}^2 l_{i2}^2$$

$$b = 2p_{12} \sum_{i=1}^{p} l_{i1}^2 \sum_{q=3}^{k} l_{iq}^2 - 2 \sum_{i=1}^{p} l_{i1}^3 l_{i2} - 2 \sum_{i=1}^{p} l_{i1} l_{i2} \cdot$$

$$\sum_{q=3}^{k} l_{iq}^2 + 2p_{12} \sum_{i=1}^{p} l_{i1}^2 l_{i2}^2$$

$$c = \sum_{i=1}^{p} l_{i1}^4 - 4p_{12} \sum_{i=1}^{p} l_{i1}^3 l_{i2} + \sum_{i=1}^{p} l_{i1}^2 l_{i2}^2 +$$

$$+ 2 \sum_{i=1}^{p} l_{i1}^2 \sum_{q=3}^{k} l_{iq}^2$$

$$d = 2p_{12} \sum_{i=1}^{p} l_{i1}^4 - 2 \sum_{i=1}^{p} l_{i1}^3 l_{i2}$$

$$e = \sum_{i=1}^{p} l_{i1}^4$$

D.h. wir müssen ohne Restriktionen f in 3.43) nach δ ableiten,
Nullsetzen und nach δ auflösen.

$$3.44) \quad \frac{df}{d\delta} = b + 2c\delta + 3d\delta^2 + 4e\delta^3 = o$$

Nach Auflösung dieser kubischen Gleichung erhalten wir δ .
Aus 3.42) erhalten wir γ und damit t_1, t_2. Aus 3.39) ergeben
sich die neuen Ladungen m_{i1}, m_{i2}, $i = 1,...p$. Nach der allge-
meinen Formel $\underline{P} = \underline{T}\,\underline{T}'$ wobei $\underline{T}$ als Produkt aufeinander folgender Transformationen $\underline{T} = \prod_{n=o}^{z-1} \underline{T}_{z-n}$ aufgefaßt werden kann und
vor der ersten Transformation $\underline{P} = \underline{I}$ ist, folgt

$$3.45) \quad p_{1j}' = t_1 p_{1j} + t_2 p_{2j} \qquad j \neq 1$$

$$p_{hj}' = p_{hj} \qquad\qquad h,j \neq 1$$

Damit ist eine einfache Rotation beendet.

Einfache Rotationen werden für alle Paare j, q von Faktoren
so lange durchgeführt, bis sich der Wert C $(\underline{M})$ nicht mehr än-

dert. Wir erhalten damit die endgültige Ladungsmtrix $\underline{M}$ und
die Korrelationsmatrix $\underline{P}$ der Faktoren. Die Strukturmatrix $\underline{W}$
läßt sich leicht berechnen mit $\underline{W} = \underline{M}\,\underline{P}$.
Das direkte Quartimin-Verfahren läßt sich einerseits durch
Normalisierung erweitern, d.h. an Stelle von C $(\underline{M})$ in 3.35)
wird

$$3.46) \quad C^*(\underline{M}) = \sum_{j<q} \sum_{i=1}^{p} (m_{ij}/h_i)^2 \, (m_{iq}/h_i)^2$$

minimiert.

Weiters läßt sich an Stelle von 3.35) das direkte Oblimin-
Verfahren verwenden. Dabei wird

$$3.47) \quad B\,(\underline{M}) = \sum_{j<q} \left(\sum_{i=1}^{p} m_{ij}^2 \, m_{iq}^2 - \frac{\delta}{p} \left(\sum_{i=1}^{p} m_{ij}^2 \right) \left(\sum_{i=1}^{p} m_{iq}^2 \right) \right)$$

minimiert, wobei auch hier wieder die normalisierte Form vorzuziehen ist. Der Wert δ kann zwischen $-\infty$ und $+1$ schwanken.
Je kleiner der Wert ist, umso orthogonaler wird die Lösung,
je näher der Wert bei 1 ist, umso stärker korrelieren die Faktoren. Werte von δ, die größer sind als o.5 führen häufig
zu nicht interpretierbaren Ladungsmatrizen.

In SPSS ist das direkte Oblimin-Verfahren programmiert. Wir
geben an Hand unserer Aufstiegsvariablen folgende Beispiele
für das direkte Oblimin-Verfahren mit Normalisierung nach
K a i s e r an.

Tabelle 15: Ladungsmatrix der iterierten Hauptfaktorenlösung
der Aufstiegsvariablen. Nach Oblimin rotierte La-
dungsmatrix $\underline{M}$, Korrelationsmatrix der Faktoren $\underline{P}$,
Strukturmatrix $\underline{W}$. $\delta = -1.o$

FACTOR MATRIX USING PRINCIPAL FACTOR WITH ITERATIONS

	FACTOR 1	FACTOR 2	FACTOR 3
V1	o.692	-o.383	-o.o16
V2	o.581	-o.329	-o.13o
V3	o.679	-o.229	o.oo5
V4	o.545	-o.245	o.195
V5	o.453	o.5o3	-o.459
V6	o.339	o.397	-o.321
V7	o.461	o.352	o.449
V8	o.296	o.626	o.14o
V9	o.12o	o.297	o.38o

FACTOR PATTERN (LADUNGSMATRIX $\underline{M}$)

	FACTOR 1	FACTOR 2	FACTOR 3
V1	o.791	o.o16	-o.o44
V2	o.662	o.o93	-o.138
V3	o.695	o.o93	o.o51
V4	o.6o4	-o.1o1	o.168
V5	o.o65	o.81o	.o.oo9
V6	o.o38	o.6o4	o.o22
V7	o.21o	o.o6o	o.674
V8	-o.o98	o.397	o.519
V9	-o.o45	-o.o45	o.5o5

FACTOR CORRELATIONS ($\underline{P}$)

	FACTOR 1	FACTOR 2	FACTOR 3
FACTOR 1	1.000	o.1o9	o.o61
FACTOR 2	o.1o9	1.000	o.186
FACTOR 3	o.o61	o.186	1.000

FACTOR STRUCTURE (STRUKTURMATRIX $\underline{W}$)

	FACTOR 1	FACTOR 2	FACTOR 3
V1	o.79o	o.o94	o.oo6
V2	o.663	o.14o	-o.o8o
V3	o.7o8	o.178	o.111
V4	o.6o3	-o.oo4	o.186
V5	o.153	o.815	o.145
V6	o.1o6	o.613	o.137
V7	o.258	o.2o9	o.698
V8	-o.o23	o.483	o.587
V9	-o.o19	o.o43	o.493

Die Lösung für δ = -1.o ähnelt stark den orthogonalen Lösungen. Die Faktoren sind klar mit bestimmten Variablengruppen im Sinne einer Einfachstruktur identifizierbar (Faktor 1: Items V1, V2, V3, V4; Faktor 2: Items V5, V6; Faktor 3: Items V7, V8, V9). Eine Ausnahme bilden V7 und V8 die mit o.21o auf dem 1. Faktor bzw. o.397 auf dem 2. Faktor auch von o deutlich verschiedene Ladungen auf Fremddimensionen aufweisen. Die Korrelationen zwischen den Faktoren sind relativ niedrig. Verglichen wir das Ergebnis mit Tab. 14, sehen wir, daß im indirekten Quartiminverfahren schiefwinkeliger rotiert wurde, die Korrelationen zwischen den Faktoren sind wesentlich höher. Insgesamt sind auch die Absolutwerte der Ladungen in $\underline{M}$ geringfügig höher, da in Tab. 15 die iterierte Hauptfaktorenlösung rotiert wurde, die höhere Kommunalitäten und daher auch höhere Ladungen aufweist.

Das Ergebnis von Tabelle 15 illustriert auch die nach der Herleitung der direkten Obliminverfahren aufgestellte Behaup-
tungen über δ. Je weiter δ gegen $-\infty$ strebt, umso orthogonaler
sind die Faktoren, je stärker δ gegen 1 strebt, umso stärker
korrelieren die Faktoren.

Wir setzen jetzt $\delta = 0$

Tabelle 16: Nach Oblimin rotierte Ladungsmatrix M, Korrelationsmatrix $\underline{P}$, Strukturmatrix $\underline{W}$ der Aufstiegsvariablen.

$\delta = 0$

FACTOR PATTERN (FAKTORLADUNGSMATRIX $\underline{M}$)

	FACTOR 1	FACTOR 2	FACTOR 3
V1	o.793	o.oo6	-o.o5o
V2	o.662	o.o87	-o.145
V3	o.694	o.o82	o.o45
V4	o.6o6	-o.114	o.167
V5	o.o46	o.815	-o.o24
V6	o.o24	o.6o8	o.o11
V7	o.2o4	o.o44	o.675
V8	-o.112	o.391	o.515
V9	-o.o48	-o.o55	o.5o8

FACTOR CORRELATIONS ($\underline{P}$)

	FACTOR 1	FACTOR 2	FACTOR 3
FACTOR 1	1.ooo	o.148	o.o79
FACTOR 2	o.148	1.ooo	o.225
FACTOR 3	o.o79	o.225	1.ooo

FACTOR STRUCTURE (STRUKTURMATRIX $\underline{W}$)

	FACTOR 1	FACTOR 2	FACTOR 3
V1	o.79o	o.112	o.o14
V2	o.664	o.153	-o.o72

V3	o.71o	o.196	o.119
V4	o.6o3	o.o13	o.19o
V5	o.165	o.816	o.162
V6	o.115	o.614	o.15o
V7	o.265	o.227	o.7o1
V8	-o.o13	o.49o	o.594
V9	-o.o16	o.o51	o.492

In Tab. 16 haben sich im Vergleich zu Tab. 15 zwar - wie zu erwarten war - die Korrelationen zwischen den Faktoren geringfügig erhöht, die Ladungsmatrix $\underline{M}$ ist aber de facto gleich geblieben, sodaß sich insgesamt an der Interpretation nichts ändert.

Wir setzen jetzt δ = o.4o.

Tabelle 17: Nach Oblimin rotierte Ladungsmatrix $\underline{M}$, Korrelationsmatrix $\underline{P}$ und Strukturmatrix $\underline{W}$ der Aufstiegsvariablen,
δ = o.4o

FACTOR PATTERN (LADUNGSMATRIX $\underline{M}$)

	FACTOR 1	FACTOR 2	FACTOR 3
V1	o.841	-o.o74	-o.114
V2	o.699	o.o4o	-o.216
V3	o.717	o.oo9	-o.o14
V4	o.641	-o.212	o.147
V5	-o.o58	o.891	-o.131
V6	-o.o56	o.661	-o.o65
V7	o.153	-o.o54	o.7oo
V8	-o.214	o.379	o.51o
V9	-o.o86	-o.116	o.553

FACTOR CORRELATIONS ($\underline{P}$)

	FACTOR 1	FACTOR 2	FACTOR 3
FACTOR 1	1.000	0.400	0.293
FACTOR 2	0.400	1.000	0.462
FACTOR 3	0.293	0.462	1.000

FACTOR STRUCTURE (STRUKTURMATRIX $\underline{W}$)

	FACTOR 1	FACTOR 2	FACTOR 3
V1	0.777	0.209	0.097
V2	0.652	0.220	0.008
V3	0.717	0.289	0.200
V4	0.600	0.113	0.237
V5	0.259	0.807	0.263
V6	0.188	0.608	0.223
V7	0.337	0.330	0.720
V8	0.087	0.529	0.622
V9	0.029	0.105	0.474

Nach der Rotation mit δ = .40 sind die Faktoren sehr stark
miteinander korreliert, die Korrelationen sind zum Teil noch
höher als bei der indirekten Quartiminrotation in Tab. 14.
Auch die Ladungsmatrix $\underline{M}$ hat sich stärker verändert. Dies wird
besonders deutlich bei V7 und bei V8. Bei V7 haben sich die
Ladungen auf den Fremddimensionen Faktor 1 und Faktor 2 ver-
mindert, bei V8 bei Faktor 1 wesentlich erhöht, sodaß nach
dieser Rotation V8 aus der Itembatterie für Faktor 3 eliminiert werden müßte, um Einfachstruktur zu erzielen. Dem stehen
jedoch inhaltliche Erwägungen entgegen.

Für die Wahl von δ lassen sich keine Patentrezepte angeben.
Zur Festlegung von Ladungsmatrix und Korrelationsmatrix der
Faktoren in der exploratorischen Faktorenanalyse hat sich je-
doch folgende Vorgehensweise bewährt.

1. Man versucht zunächst latente Dimensionen zu definieren
   und mit Hilfe meßbarer Variablen zu operationalisieren.

2. Man berechnet eine direkte Lösung des Faktorproblems und
   zeichnet die Faktorladungsmatrix auf. Variable, die jeweils
   eine latente Dimension operationalisieren sollen, müssen
   eine in sich geschlossene Punktewolke bilden. Variable, die
   nicht einer Punktewolke zuordenbar sind, werden eliminiert.

3. Wenn man durch die Punktewolken Achsen zieht, können auch
   in etwa die Winkel zwischen diesen Achsen festgestellt werden. Der Kosinus des Winkels gibt in etwa die Korrelationen
   zwischen den Faktoren an. Sind die Korrelationen stark,
   wird man $\delta > o$, sind sie gering, wird man $\delta < o$ wählen.

4. Sowohl bei der Elimination von Variablen als auch bei der
   Wahl von δ sind auch inhaltliche Überlegungen heranzuziehen. Dies wird bei unserem Beispiel in Tab. 17 besonders
   deutlich. Die Korrelation zwischen den Faktoren Aufstieg
   durch Leistung und Aufstieg durch Parteibuch wird hier mit
   o.293 angegeben, obwohl wir eher eine Korrelation von o
   vermuten. Es ist daher aus inhaltlichen Überlegungen ein
   kleineres δ zu wählen.

4 Berechnung der Faktorwerte

Bis jetzt haben wir uns auf die Berechnung der Matrix der Faktorladungen $\underline{L}$ bei der direkten Lösung, bzw. $\underline{M}$, $\underline{W}$ und $\underline{P}$ bei einer abgeleiteten ("rotierten") Lösung beschränkt.
$\underline{L}$ bzw. $\underline{M}$ gibt uns bekanntlich die Koordinaten von x_i, $i=1,\ldots p$ bezüglich der Faktoren $f_1,\ldots f_k$ an.

Wir wollen nun umgekehrt die Werte $f_1,\ldots f_k$ der Faktoren, genannt Faktorwerte, ermitteln. Da, wie bereits in Kapitel 1 ausgeführt, die Faktorwerte im allgemeinen nicht direkt als lineare Transformationen der x_i Werte berechnet werden können, müssen sie geschätzt werden. Dazu wurde eine Reihe von Verfahren entwickelt (Vgl. etwa H a r m a n 1967, S. 345 ff), von denen wir nur das wichtigste, das auch in den Computerprogrammen verwendet wird, herausgreifen.

Im Fall der Hauptkomponentenlösung können die Faktorwerte direkt berechnet werden, da gilt:

4.1) $\underline{x} = \underline{L}\,\underline{f}$ mit $\underline{R} = \underline{L}\,\underline{L}'$ und $\underline{L}'\underline{L} = \underline{G}$

    $\underline{L}$ ist die pxp Matrix der Faktorladungen und $\underline{G}$ die Diagonalmatrix der Eigenwerte.
    Vormultiplizieren mit $\underline{L}'$ ergibt

4.2) $\underline{L}'\underline{x} = \underline{L}'\underline{L}\,\underline{f} \Rightarrow \underline{f} = (\underline{L}'\underline{L})^{-1}\,\underline{L}'\underline{x} = \underline{G}^{-1}\,\underline{L}'\underline{x}$

Wenn wir die Faktorwerte für alle Personen auf einmal berechnen wollen, erhalten wir, wenn $\underline{X}$ die pxN Matrix der p Meßwerte für N Elemente und $\underline{F}$ die kxN Matrix der k Faktorwerte für N Elemente ist

4.3) $\underline{F} = \underline{G}^{-1}\,\underline{L}'\underline{X}$

Häufig tritt der Fall auf, daß nur der erste Faktor nach ei-

nem Kriterium signifikant oder inhaltlich bedeutsam ist. Ein
Beispiel ist etwa eine eindimensionale Fragebatterie, aus der
bereits alle "störenden" Fragen eliminiert wurden, und bei der
nur noch das Gewicht, mit dem die einzelne Frage in den Faktor
eingeht, bestimmt werden soll. In 4.2) wird dann nur noch der
erste Vektor $\underline{l}_1$ von $\underline{L}$ eingesetzt und wir erhalten

4.4) $\underline{l}_1'\,\underline{x} = \underline{l}_1'\,\underline{l}_1\,f_1 \Rightarrow f_1 = (\underline{l}_1'\,\underline{l}_1)^{-1}\,\underline{l}_1'\,\underline{x} = g_1^{-1}\,\underline{l}_1'\,\underline{x}$

   bzw. für die Faktorwerte des ersten Faktors, die in der
   1xN Matrix $\underline{F}$ enthalten sind

4.5) $\underline{F} = g_1^{-1}\,\underline{l}_1'\,\underline{X}$

Die Werte $\dfrac{1}{g_1}$ $(l_{11}, l_{21}, \ldots l_{p1})$ sind die entsprechenden <u>Gewich-</u>
<u>te.</u>

Liegt keine Hauptkomponentenlösung vor, werden die Faktorwerte mit Hilfe der <u>Regressionsrechnung</u> geschätzt. Wir gehen dabei von folgender Überlegung aus. <u>Jeder Faktorwert</u> f_j läßt
sich als <u>Linearkombination</u> der x_i, i=1,2...p, und einem Fehler
e_j darstellen.

4.6) $f_1 = b_{11}\,x_1 + b_{12}\,x_2 + \ldots + b_{1p}\,x_p + e_1$

   $f_j = b_{j1}\,x_1 + b_{j2}\,x_2 + \ldots + b_{jp}\,x_p + e_j$

   $f_k = b_{k1}\,x_1 + b_{k2}\,x_2 + \ldots + b_{kp}\,x_p + e_k$

   oder in Matrixschreibweise

   $\underline{f} = \underline{B}\,\underline{x} + \underline{e}$ bzw. $\underset{kxN}{\underline{F}} = \underset{kxp}{\underline{B}}\;\underset{pxN}{\underline{X}} + \underset{kxN}{\underline{E}}$

   für alle Faktorwerte

Wenn die Fehlerquadratsumme $\sum\limits_{j=1}^{k} \sum\limits_{h=1}^{N} e_{jh}^{2}$ minimiert werden soll,

erhalten wir für die Regressionskoeffizienten b_{ji} , die angeben, wie stark die Variable i am j-ten Faktor bei der Berechnung des Faktorwerts beteiligt wird

$$4.7) \quad \underline{B} = \underline{F}\,\underline{X}'\,(\underline{X}\,\underline{X}')^{-1} \lessgtr \Longrightarrow \underline{B} = \frac{1}{N}\,\underline{F}\,\underline{X}'\,(\frac{1}{N}\,\underline{X}\,\underline{X}')^{-1}; \quad B = (b_{ji})$$
$$j=1\ldots k$$
$$i=1,\ldots p$$

Sind die Variablen x_i standardisiert, dann ist $\frac{1}{N}\,\underline{X}\,\underline{X}'$ die empirische Korrelationsmatrix $\underline{R}$ der x_i, i=1,...p, und $\frac{1}{N}\,\underline{F}\,\underline{X}'$
die Korrelationsmatrix der Faktoren mit den beobachteten Va-
riablen, die wir als Strukturmatrix $\underline{W}$ bezeichnet haben und im
rotierten Fall als Matrix der orthogonalen Projektionen auf
die neuen Achsen identifiziert haben. Somit gilt:

$$4.8) \quad \underline{B} = \underline{W}'\underline{R}^{-1} \quad \text{und} \quad \hat{\underline{F}} = \underline{B}\,\underline{X} = \underline{W}'\underline{R}^{-1}\,\underline{X}$$

Die Matrix $\underline{B}$ wird auch als Matrix der Faktor Beta Ladungen bezeichnet. Im orthogonalen Fall ist natürlich $\underline{W}' = \underline{L}'$, bzw. $\underline{M}'$
mit $\underline{M}'\underline{M} = \underline{G}$. Die Berechnung der Faktor Beta Ladungen - eng-
lisch factor score coefficients - ist in Computerprogrammen
in der Regel enthalten.

Wir verwenden als Beispiel wieder die Aufstiegsvariablen.
Ausgehend von einer iterierten Hauptfaktorenlösung, die nach
Varimax rotiert wurde, erhalten wir aus Tab. 13, indem wir $\underline{M}'$
mit $\underline{R}^{-1}$ multiplizieren.

Tab. 18: Matrix der Regressionskoeffizienten zur Berechnung
der Faktorwerte nach iterierter Hauptfaktorenlösung
mit anschließender Varimaxrotation

	FACTOR 1	FACTOR 2	FACTOR 3
V1	o.413	-o.o35	-o.o6o
V2	o.23o	o.o44	-o.1o5
V3	o.274	o.o12	o.o11
V4	o.191	-o.o78	o.o96
V5	-o.o2o	o.633	-o.1o7
V6	-o.oo3	o.246	-o.o32
V7	o.o65	-o.o47	o.484
V8	-o.o76	o.151	o.328
V9	-o.o18	-o.o55	o.234

Diese Matrix wurde mit SPSS gerechnet, das in einer options
Anweisung die Berechnung von B̲ vorsieht. Aus der Matrix wird
deutlich, daß z.B. der dritte Faktor im wesentlichen aus den
Werten der Variablen V7 bis V9 berechnet wird, die ungefähr
im Verhältnis 5:3:2 gewichtet werden.

5 Konfirmatorische Faktorenanalyse:

Wir haben bis jetzt durch direkte Lösung des Faktorproblems
und anschließende orthogonale oder schiefwinkelige Rotation -
genauer, durch Einführung eines neuen, recht- oder schiefwinkeligen Koordinatensystems - versucht, die vorhandenen Daten
auf wenige, inhaltlich interpretierbare Faktoren, zurückzuführen.

Diese exploratorische Vorgehensweise führt häufig dazu, daß zu
stark vereinfacht wird und bereits vorhandenes Wissen über Zusammenhänge zwischen beobachteten und latenten Variablen vernachlässigt wird oder mühsam mit theoretischen Hilfskonstruk-
tionen die Verträglichkeit mit den neuen Ergebnissen erzeugt
wird. Es liegt daher nahe, den umgekehrten Weg zu beschreiten
und die Ergebnisse der Faktorenanalyse direkt zur Prüfung einer Hypothese zu verwenden. Dies wird als hypothesentestende
oder konfirmatorische Faktorenanalyse bezeichnet.

Zur Durchführung können zwei Wege eingeschlagen werden. Wir
geben in beiden Fällen eine Faktorladungsmatrix $\underline{K}$, eine Matrix
$\underline{P}_K$ der Korrelationen der Faktoren und die Matrix $\underline{U}_K^2$ der Feh-
lervarianzen vor, bei denen alle oder nur einige Elemente
festgelegt, die anderen frei wählbar sind und suchen nun eine
Lösung des Faktorproblems, sodaß die vorgegebenen Werte "möglichst nah" erreicht werden.

Der erste Weg, den wir einschlagen können, besteht darin, die
Unbestimmtheit der Rotation auszunützen und mit dem Ziel einer
möglichst guten Annäherung eine Lösung $\underline{L}$ bzw. $\underline{K}$ ($\underline{K}$ wird auch
als target Matrix bezeichnet) in einem rechtwinkeligen oder
schiefwinkeligen Koordinatensystem zu rotieren. Dies wird als
Prokrustes Rotation bezeichnet (H u r l e y und C a t -
t e l l (1962)).

Der andere Weg besteht darin, unter der Annahme der multivariaten Normalverteilung von $\underline{x}$, die frei wählbaren Elemente in $\underline{M}$, $\underline{P}$ und $\underline{U}^2$ so zu schätzen, daß die Likelihoodfunktion maximal wird, unter der Bedingung der Erfüllung der vorgegebenen Restriktionen in $\underline{M}$, $\underline{P}$ und $\underline{U}^2$. Dies ermöglicht auch einen statistischen Test der durch die vorgegebenen Elemente in $\underline{K}$, $\underline{P}$ und $\underline{U}^2$ formulierten Hypothesen. Von großem Nachteil ist dabei die häufig durch die Daten verletzte Annahme der multivariaten Normalverteilung.

5.1 Prokrustesrotation

Wir nehmen zunächst an, daß die target Matrix $\underline{K}$ zur Gänze vorgegeben ist, d.h. jedes k_{ij}, $i=1,\ldots p$, $j=1,\ldots k$, ist als reelle Zahl vorgegeben. Die Faktoren seien unkorreliert, sodaß $\underline{P}_K = I$.

Eine orthogonale Lösung $\underline{M}$ des Faktorproblems soll nun so rotiert werden, daß die Differenzen ein Minimum werden. Dazu verwendet man das bewährte Kleinste Quadrate Kriterium. Gesucht ist eine <u>orthogonale Transformationsmatrix</u> $\underline{T} = (t_{lq})$ $l=1,\ldots k$; $q=1,\ldots k$ mit $\underline{T}\,\underline{T}' = \underline{I}$, sodaß

$$5.1)\quad \sum_{i=1}^{p}\ \sum_{j=1}^{k}\ \left(\sum_{l=1}^{k} m_{il}\, t_{lj} - k_{ij}\right)^2 = \| \underline{M}\,\underline{T} - \underline{K} \|^2$$

$$= \mathrm{tr}\ (\underline{M}\,\underline{T} - \underline{K})(\underline{M}\,\underline{T} - \underline{K}')$$

ein Minimum wird.

Ableiten und Nullsetzen von 5.1) nach $\underline{T}$ unter Berücksichtigung der Nebenbedingung $\underline{T}\,\underline{T}' = \underline{I}$ führt, wie F i s c h e r und R o p p e r t (1965, S. 16 ff) gezeigt haben, zu folgendem Algorithmus der Berechnung von $\underline{T}$.

Wir haben ein sehr ähnliches Problem bereits bei der Darstellung des Minres Verfahrens gelöst und verzichten daher auf detaillierte Beweise.

Schritt 1: Bilde die kxk Matrix $Q = \underline{K}'\underline{M}\ \underline{M}'\underline{K}$

Schritt 2: Berechne durch ein iteratives Verfahren alle Eigenwerte und Eigenvektoren von $\underline{Q}$, sodaß gilt
$\underline{Q} = \underline{C}\ \underline{G}\ \underline{C}'$ und $\underline{G}$ ist Diagonalmatrix

Schritt 3: Berechne $\underline{G}^{-\frac{1}{2}}$

Schritt 4: Bilde $\underline{T} = \underline{M}'\underline{K}\ \underline{C}\ \underline{G}^{-\frac{1}{2}}\ \underline{C}'$

Schritt 5: Berechne die transformierte Matrix $\underline{M}^* = \underline{M}\ \underline{T}$

Für M^* ist $\| \underline{M} - \underline{K} \|^2$ ein Minimum

Die Matrix $\underline{Q}$ kann leicht berechnet werden. Die Berechnung der Eigenwerte und Eigenvektoren läßt sich z.B. mit Programm 1 von H o l m (1976, S. 148 ff.) leicht durchführen, indem man eine Hauptkomponentenlösung für $\underline{Q}$ errechnet und die erhaltenen Ladungsvektoren spaltenweise mit $\frac{1}{\sqrt{g_j}}$, j=1,...k durchmultipliziert. (Da der Rang von $\underline{M}$ bzw. $\underline{K}$ gleich k ist, ist die Matrix $\underline{Q}$ immer positiv definit, somit sind alle Eigenwerte $g_j > 0$).

Wir zeigen dies am Beispiel der Aufstiegsvariablen.
Wir gehen davon aus, daß wir die Fragebatterie so konstruiert haben, daß die ersten 4 Variablen, die Variablen V5 und V6 und die Variablen V7, V8, V9 auf unterschiedlichen Faktoren laden, die untereinander unkorreliert sein sollen. Die Variablen sollen auf keinem anderen Faktor laden. Damit ergibt sich:

	FACTOR 1	FACTOR 2	FACTOR 3
V1	1	o	o
V2	1	o	o
V3	1	o	o
V4	1	o	o
$\underline{K}$ = V5	o	1	o
V6	o	1	o
V7	o	o	1
V8	o	o	1
V9	o	o	1

$\underline{K}$ weist also Einfachstruktur auf.

Wir verwenden als Ausgangslösung $\underline{M}$ die iterierte Hauptfaktorenlösung

	FACTOR 1	FACTOR 2	FACTOR 3
V1	o.693	-o.384	-o.o16
V2	o.582	-o.329	-o.13o
V3	o.68o	-o.229	o.oo5
V4	o.546	-o.245	o.195
$\underline{M}$ = V5	o.453	o.5o3	-o.459
V6	o.34o	o.398	-o.322
V7	o.461	o.352	o.449
V8	o.297	o.626	o.14o
V9	o.12o	o.298	o.381

Aus $\underline{K}$ und $\underline{M}$ berechnen wir $\underline{Q}$

$$\underline{Q} = \begin{bmatrix} 7.667 & o.872 & o.734 \\ o.872 & 2.o51 & 1.o88 \\ o.734 & 1.o88 & 3.34o \end{bmatrix}$$

Die Hauptkomponentenlösung ergibt die Matrix der Eigenwerte $\underline{G}$ und die Ladungsmatrix $\underline{L}$.

$$\underline{G} = \begin{bmatrix} 7.981 & 0 & 0 \\ 0 & 3.679 & 0 \\ 0 & 0 & 1.4o4 \end{bmatrix} \qquad \underline{L} = \begin{bmatrix} 2.724 & -o.489 & -o.o8o \\ o.5o2 & o.843 & 1.o43 \\ o.549 & 1.652 & -o.556 \end{bmatrix}$$

Division der Spalten von $\underline{L}$ durch $\sqrt{g_j}$, $j=1,2,3$ ergibt

$$\underline{C} = \begin{bmatrix} o.9398 & -o.255 & -o.o675 \\ o.1777 & o.4396 & o.88o3 \\ o.1943 & o.8614 & -o.4693 \end{bmatrix}$$

Da $\underline{M}^* = \underline{M}\,\underline{M}'\underline{K}\,\underline{C}\,\underline{G}^{-\frac{1}{2}}\,\underline{C}'$ berechnen wir aus $\underline{M}\,\underline{M}'$ die reproduzierte Korrelations- bzw. Kovarianzmatrix und multiplizieren nach
mit

$\underline{K}\,\underline{C}\,\underline{G}^{-\frac{1}{2}}\,\underline{C}'$ und erhalten $\underline{M}^*$

	FACTOR 1	FACTOR 2	FACTOR 3
V1	o.756	o.o87	o.o21
V2	o.659	o.119	-o.122
V3	o.668	o.111	o.o89
V4	o.6o3	o.o78	o.o79
V5	o.1o8	o.789	o.171
V6	o.o71	o.588	o.157
V7	o.189	o.o42	o.689
V8	-o.o72	o.364	o.6oo
V9	-o.o35	-o.o67	o.489

Wie wir aus $\underline{M}^*$ ersehen, läßt sich $\underline{M}$ so rotieren, daß die Abweichungen zwischen $\underline{M}^*$ und der postulierten Ladungsmatrix relativ gering sind. Ausnahmen bilden wieder die Variable V7,
die auch auf dem 1. Faktor relativ hoch lädt, und die Variable
V8, die auf dem 2. Faktor eine Ladung vom o.364 aufweist. Aus-
serdem sind auch die Ladungen von V5 und V6 auf Faktor 3 höher, als wir etwa bei den rotierten Lösungen gesehen haben.
Dies hängt damit zusammen, daß wir auch zwischen dem 2. und 3.
Faktor eine Korrelation von Null verlangen, die nach unseren

bisherigen Analysen und auch aus inhaltlichen Überlegungen heraus unrealistisch ist. Mit Ausnahme der Orthogonalität von $\underline{P}_k$ können wir jedoch $\underline{K}$ als bewährte Hypothese betrachten.

Wir verallgemeinern nun das Verfahren für den Fall, daß $\underline{K}$ sowie $\underline{P}_K \neq \underline{I}$ vorgegeben sind und eine <u>orthogonale</u> Ladungsmatrix $\underline{M}$ auf $\underline{K}$ mit kleinstmöglichem Fehler transformiert werden soll Als zu minimierende Funktion wählen wir den allgemeinen <u>Abstandsbegriff</u> in schiefwinkeligen Koordinatensystemen. Gesucht ist eine Transformationsmatrix $\underline{T}$, die die Bedingung $\underline{T}^{-1}\,\underline{T}^{-1\prime} = \underline{P}_K$ erfüllt, sodaß

5.2) $\operatorname{tr}\,(\underline{M}\,\underline{T} - \underline{K})\,\underline{P}_K\,(\underline{M}\,\underline{T} - \underline{K})^\prime$

ein Minimum wird.

Wir führen dieses Problem auf den <u>orthogonalen</u> <u>Fall</u> <u>zurück</u>, indem wir für $\underline{P}_K$ eine Hauptachsentransformation durchführen, (dies entspricht bekanntlich der Hauptkomponentenlösung der Faktorenanalyse) und in 5.2) einsetzen. (F i s c h e r und R o p p e r t , 1965, S. 17 f.)

5.3) $\underline{P}_K = \underline{A}\,\underline{D}\,\underline{A}^\prime$ mit $\underline{A}^\prime\,\underline{A} = \underline{I}$ und $\underline{D}$ Diagonalmatrix

$$\operatorname{tr}\,(\underline{M}\,\underline{T} - \underline{K})\,\underline{P}_K\,(\underline{M}\,\underline{T} - \underline{K})^\prime = \operatorname{tr}\,(\underline{M}\,\underline{T} - \underline{K})\,\underline{A}\,\underline{D}^{\frac{1}{2}}\,\underline{D}^{\frac{1}{2}}\,\underline{A}^\prime\,(\underline{M}\,\underline{T} - \underline{K})^\prime$$

$$= \operatorname{tr}\,(\underline{M}\,\underline{T}\,\underline{A}\,\underline{D}^{\frac{1}{2}} - \underline{K}\,\underline{A}\,\underline{D}^{\frac{1}{2}})(\underline{M}\,\underline{T}\,\underline{A}\,\underline{D}^{\frac{1}{2}} - \underline{K}\,\underline{A}\,\underline{D}^{\frac{1}{2}})^\prime$$

$$= \operatorname{tr}\,(\underline{M}\,\underline{T}_O - \underline{K}_O)(\underline{M}\,\underline{T}_O - \underline{K}_O)$$

$$\text{mit } \underline{T}_O = \underline{T}\,\underline{A}\,\underline{D}^{\frac{1}{2}} \text{ und } \underline{K}_O = \underline{K}\,\underline{A}\,\underline{D}^{\frac{1}{2}}$$

Es ist also zunächst das orthogonale Problem für $\underline{M}$, $\underline{K}_O$ und $\underline{T}_O$ zu lösen. Anschließend kann $\underline{T}$ wie folgt berechnet werden.

5.4) $\underline{T} = \underline{T}_O \ \underline{D}^{-\frac{1}{2}} \ \underline{A}'$

$\underline{M}^* = \underline{M} \ \underline{T}$ ist dann die gewünschte Lösung.

Eine ähnliche Überlegung wenden wir nocheinmal an, um bei vorgegebener Ladungsmatrix $\underline{K}$ und Korrelationsmatrix $\underline{P}_K$ eine
schiefwinkelige Ladungsmatrix $\underline{M}$ mit Korrelationsmatrix $\underline{P}_M$ der
Faktoren auf $\underline{K}$ zu transformieren. Wir führen zunächst eine
Hauptachsentransformation für $\underline{P}_M$ durch.

5.5) $\underline{P}_M = \underline{B} \ \underline{E} \ \underline{B}'$ mit $\underline{B}'\underline{B} = \underline{I}$ und $\underline{E}$ Diagonalmatrix

Die reduzierte Korrelationsmatrix läßt sich auf zwei Weisen
darstellen.

5.6) $\underline{R}^* = \underline{M} \ \underline{P}_M \ \underline{M}' = \underline{M} \ \underline{B} \ \underline{E}^{\frac{1}{2}} \ \underline{B}' \underline{M}'$

$\underline{R}^* = \underline{L} \ \underline{L}'$ mit $\underline{L}'\underline{L} = \underline{G}$ eine Diagonalmatrix, sodaß $\underline{L}$ eine
orthogonale Matrix ist.

Wenn wir daher $\underline{L} = \underline{M} \ \underline{B} \ \underline{E}^{\frac{1}{2}}$ setzen, erhalten wir eine orthogonale Matrix, die mit Hilfe der beiden obigen Vorgehensweisen
auf $\underline{K}$ mit minimalem Fehler transformiert wird.

Je größer die Abweichungen zwischen der postulierten Matrix $\underline{K}$
und der rotierten Matrix $\underline{M}^*$ sind, umso eher wird $\underline{K}$ als Modell
für den Zusammenhang zwischen beobachteten und latenten Vari-
ablen abgelehnt werden.

Die bisher erhobene Forderung, daß alle Elemente in $\underline{K}$ spezifiziert sein müssen, ist ziemlich restriktiv. Es wurde daher
eine Reihe von Verfahren entwickelt, um eine Ladungsmatrix $\underline{M}$
recht- oder schiefwinkelig auf eine nur teilweise spezifizierte Targetmatrix $\underline{K}$ zu transformieren. Da diese Methoden alle
iterativ sind und keine leicht zugänglichen Programme vorhan-

den sind, begnügen wir uns, einige Literaturhinweise zu geben.

G r u v a e u s (197o) gibt ein Verfahren an, das sowohl verschiedene Distanzfunktionen zwischen $\underline{M}$ und $\underline{K}$ als auch in beliebiger Weise spezifizierte Targetmatrizen $\underline{K}$ verarbeitet und sowohl recht- als auch schiefwinkelig transformiert.
Als Iterationsverfahren benützt er die Fletcher Powell Methode, die wir noch im Zusammenhang mit der Maximum Likelihood Schätzung der konfirmatorischen Faktorenanalyse kennen lernen werden.

Einen der direkten Oblimin Rotation verwandten Algorithmus verwendet B r o w n e (1972), um schiefwinkelig auf eine teilweise spezifizierte target Matrix zu rotieren.

H a k s t i a n (1972) präsentiert ein Verfahren, Faktorladungen so zu wählen, daß der Abstand zwischen den Faktorladungen der Variablen, die auf Grund inhaltlicher Überlegungen mit einem Faktor identifiziert werden, und den Ladungen der Variablen, die nicht mit diesem Faktor übereinstimmen, maximiert wird. Diese Vorgehensweise entspricht am ehesten den Gegebenheiten in den Humanwissenschaften, da wir nur selten in der Lage sind, genau die Faktorladungen zahlenmäßig anzugeben, aber in der Regel begründete Vermutungen über die Existenz oder Nichtexistenz eines Zusammenhanges von beobachteten und latenten Variablen haben.

Eine wesentliche Verallgemeinerung und Hinweise auf weitere Anwendungen etwa in der multidimensionalen Skalierung finden sich in G o w e r (1975).

5.2 Maximum Likelihood Schätzung

Wir gehen zunächst vom allgemeinen Modell aus.

$$\underline{x} = \underline{M}\,\underline{f} + \underline{u} \quad \text{mit } E\,\underline{f}\,\underline{f}' = \underline{P}, \quad \underline{S} = E\,\underline{x}\,\underline{x}' = \underline{M}\,\underline{P}\,\underline{M}' + \underline{U}^2$$

Es wird angenommen, daß $\underline{x}$ <u>multivariat</u> <u>normalverteilt</u> ist. Bekanntlich ist $\underline{M}$ nur bis auf eine nicht singuläre Transformationsmatrix $\underline{T}$ bestimmt, sodaß kxk Parameter in $\underline{M}$ und $\underline{P}$ frei wählbar sind. Wir nehmen nun an, daß auf Grund anderer Untersuchungen oder theoretischer Überlegungen Elemente in $\underline{M}$, $\underline{P}$ und $\underline{U}^2$ entweder als Zahlen spezifiziert werden können oder zumindest gleich gesetzt werden können. Unter diesen Bedingungen soll die Likelihoodfunktion maximiert oder wie bei der Herleitung der allgemeinen Lösung folgende Funktion minimiert werden.

$$5.7) \quad F\,(\underline{M},\ \underline{P},\ \underline{U}^2) = \ln\,|\underline{S}| + (\hat{\underline{S}}\,\underline{S}^{-1})$$

mit $\hat{\underline{S}}$ als ML Schätzer von $\underline{S}$ ohne Bedingungen. (Vgl. 2.66) $\underline{S}_o = \hat{\underline{M}}\,\hat{\underline{P}}\,\hat{\underline{M}} + \hat{\underline{U}}^2$ ist der ML Schätzer von $\underline{S}$ unter den Nebenbedingungen.

Selbstverständlich können wir auch an Stelle von $\underline{S}$ die Korrelationsmatrix $\underline{R}$ verwenden.

Wir müssen zunächst einige Unterscheidungen treffen (J ö - r e s k o g (1969)).

Wir bezeichnen als <u>nicht</u> <u>restringierte</u> oder <u>unbeschränkte Lösung</u> eine Wahl von $\underline{M}$ und $\underline{P}$, sodaß sie durch eine <u>Rotation</u> einer <u>gewöhnlichen</u> orthogonalen Maximum Likelihood Lösung erzeugt werden. Die Menge aller unbeschränkten Lösungen läßt jeweils $\underline{M}\,\underline{P}\,\underline{M}'$ <u>unverändert</u>, daher bleiben $\underline{H}^2$ und $\underline{U}^2$ immer gleich. Eine unbeschränkte Lösung wird in der Regel dann auftreten, wenn maximal k^2 Elemente in $\underline{M}$ und $\underline{P}$ fixiert werden, die in etwa gleich verteilt sind. Eine beschränkte Lösung kann andererseits <u>nicht</u> durch <u>Rotation</u> aus einer gewöhnlichen orthogonalen ML Lösung erhalten werden.

Sowohl unbeschränkte als auch beschränkte Lösungen können
identifiziert oder nicht identifiziert sein. Eine Lösung ist
identifiziert, wenn alle linearen Transformationen der Faktoren, die die fest gewählten Parameter unverändert lassen,
auch die frei gewählten Parameter nicht ändern.

Dafür wurden einige hinreichende Kriterien gefunden. (R e i -
e r s ø l (195o), A n d e r s o n und R u b i n (1956),
W i l e y (1973)). Für den Anwender reichen in der Regel
leicht handzuhabende Kriterien aus, um ein identifiziertes Mo-
dell zu rechnen. Ist $\underline{P} = \underline{I}$, sollen die Spalten in $\underline{M}$ so ange-
ordnet sein, daß die Spalte $\underline{m}_s$, $s=1,2...k$ mindestens $s-1$ feste
Werte enthält. In $\underline{P} = \underline{I}$ sind $k(k+1)/2$ Werte fest, in $\underline{M}$ $q \geqslant$
$\geqslant k(k-1)/2$ Werte, sodaß mindestens k^2 Werte fest sind. Ist
$\underline{P} \neq \underline{I}$, sollen in jeder Spalte von $\underline{M}$ wenigstens $k-1$ Elemente
fest gewählt sein. Da die Diagonalwerte festliegen, sind wie-
derum mindestens k^2 Elemente in $\underline{M}$ und $\underline{P}$ fest.

Man bemerke, daß auch eine beschränkte Lösung nicht identifi-
ziert sein muß. Nehmen wir an, daß $\underline{P} = \underline{I}$ ist und daß in $\underline{M}$ die
beiden ersten Spalten $\underline{m}_1$, $\underline{m}_2$ keine festen Werte, die restlichen Spalten $\underline{m}_3...\underline{m}_k$ mehr als $\frac{1}{2} k(k-1)$ feste Elemente enthalten. Dann ist zwar die Lösung beschränkt, die ersten beiden
Spalten können jedoch beliebig orthogonal rotiert werden.
In der Regel wird jedoch durch Erfüllung eines der oben angegebenen Kriterien ein beschränktes identifiziertes Modell vorliegen.

Wir gehen nun daran, die Funktion in 5.7) zu minimieren (J ö -
r e s k o g, 1969). Wir benötigen dazu die Matrizen der ersten
Ableitungen von F nach $\underline{M}$, $\underline{P}$ und $\underline{U}^2$, die wir aus den bereits
hergeleiteten Formeln für die ML Faktorenanalyse in Abschnitt
2.6) und einer nochmaligen Anwendung der Kettenregel für Ma-
trizendifferentiation erhalten.

5.8) $\partial F/\partial \underline{M} = 2\ \underline{S}^{-1}(\underline{S} - \hat{\underline{S}})\ \underline{S}^{-1}\ \underline{M}\ \underline{P}$

$\partial \underline{F}/\partial \underline{P} = c\ \underline{M}'\underline{S}^{-1}(\underline{S} - \hat{\underline{S}})\ \underline{S}^{-1}\ \underline{M} \quad c = \begin{cases} 1 & \text{für Diagonalelemente} \\ 2 & \text{sonst} \end{cases}$

$\partial \underline{F}/\partial \underline{U}^2 = \text{diag}\ \underline{S}^{-1}(\underline{S} - \hat{\underline{S}})\ \underline{S}^{-1}$

Selbstverständlich wird nur nach den Werten abgeleitet, die
frei gewählt werden können. Ableitungen nach Konstanten ergeben in den entsprechenden Matrizen einen Wert Null.
Bei iterativen Verfahren wird $\underline{S}$ bzw. $\underline{S}^{-1}$ durch $\underline{S}_o$ und $\underline{S}_o^{-1}$ ersetzt, die durch die im r-ten Schritt errechneten Werte $\underline{M}_r$,
$\underline{P}_r$ und $\underline{U}_r^2$ gebildet werden.

Für $\underline{S}_o^{-1}$ läßt sich folgende Formel zeigen

5.9) $\underline{S}_o = \underline{M}\ \underline{P}\ \underline{M}' + \underline{U}^2$

$\underline{S}_o^{-1} = \underline{U}^{-2} - \underline{U}^{-2}\ \underline{M}(\underline{I} + \underline{P}\ \underline{M}'\underline{U}^{-2}\ \underline{M})^{-1}\ \underline{P}\ \underline{M}'\underline{U}^{-2}$

$\underline{S}_o^{-1}\ \underline{M} = \underline{U}^{-2}\ \underline{M}\ (\underline{I} + \underline{P}\ \underline{M}'\underline{U}^{-2}\ \underline{M})^{-1}$

Um zur Berechnung das Fletcher Powell Verfahren ansetzen zu
können, betrachten wir die ersten Ableitungen als Vektor $\underline{d}$,
der folgendermaßen aufgebaut ist. $\underline{d}_j$, j=1,2...k sind die
Spaltenvektoren der ersten Ableitungen der freien Parameter
in den Spalten von $\underline{M}$, $\underline{d}_{k+1}$ bzw. $\underline{d}_{k+2}$ die ersten Ableitungen
nach freien Parametern in $\underline{P}$ bzw. $\underline{U}^2$.

5.1o) $\underline{d}' = (\underline{d}_1',\ldots \underline{d}_j',\ldots \underline{d}_k',\ \underline{d}_{k+1}',\ \underline{d}_{k+2}')$

Der Vektor $\underline{d}$ hat q Elemente, wenn insgesamt q Parameter frei
gewählt werden.
Für das Verfahren werden der Funktionswert $F(\underline{M},\ \underline{P},\underline{U}^2)$ und $\underline{d}$,
ausgehend von Startwerten, wiederholt berechnet. Dies erfolgt
in folgenden Schritten.

1. $\underline{G} = \underline{M}'\underline{U}^{-2}\underline{M}$ und $\underline{I} + \underline{P}\underline{G}$. $\underline{A} = (\underline{I} + \underline{P}\underline{G})^{-1}$
   Zugleich erhält man $|\underline{I} + \underline{P}\underline{G}|$

2. $|\underline{S}_o| = (\prod\limits_{i=1}^{p} u_{ii}^2) \cdot |\underline{I} + \underline{P}\underline{G}|$

3. $\underline{B} = \underline{A}\underline{P}$ und $\underline{C} = \underline{U}^{-2} - \underline{U}^{-2}\underline{M}\underline{B}\underline{M}'\underline{U}^{-2} = \underline{S}_o^{-1}$

4. $\underline{D} = \hat{\underline{S}}\underline{C} = \hat{\underline{S}}\underline{S}_o^{-1}$ und $\mathrm{tr}\,\underline{D} = \mathrm{tr}\,\hat{\underline{S}}\underline{S}_o^{-1}$

5. $F = \ln|\underline{S}_o| + \mathrm{tr}\,(\hat{\underline{S}}\underline{S}_o^{-1})$

6. $\underline{E} = \underline{C} - \underline{C}\underline{D} = \underline{S}_o^{-1}(\underline{S}_o - \hat{\underline{S}})\underline{S}_o^{-1}$

7. $\underline{Q} = \underline{E}\underline{M}$

8. $\partial F/\partial\underline{M} = 2\underline{Q}\underline{P}$

9. $\partial F/\partial\underline{P} = c\,\underline{M}'\underline{Q}$

10. $\partial F/\partial\underline{U}^2 = \mathrm{diag}\,\underline{E}$

11. Bilde aus den Schritten 8. bis 1o. den Vektor $\underline{d}$.

Die Berechnung der freien Werte in $\underline{M}$, $\underline{P}$ und $\underline{U}^2$, die entsprechend $\underline{d}$ in einem qx1 Vektor $\underline{t}$ zusammengefaßt sind, erfolgt bei J ö r e s k o g (1969) zunächst nach der Methode des steilsten Abstiegs, dann nach dem Fletcher Powell Verfahren. Beide Methoden werden im Anhang angegeben. Allerdings schlagen wir, um bessere Konvergenzeigenschaften zu gewährleisten, eine Modifikation des Fletcher Powell Verfahrens nach L u e n- b e r g e r (1973, S. 195 ff) vor, die ebenfalls im Anhang angegeben ist.

Der Vorteil des Fletcher Powell Verfahrens ist, daß es einerseits nur den Vektor der ersten Ableitungen benötigt - im Gegenteil zum Newton Verfahren - andererseits die Matrix der zweiten Ableitungen sukzessive aufbaut. Die Matrix der zweiten Ableitungen ist gerade in der ML Schätzung von außerordentlicher Bedeutung, da die Inverse der Matrix der Erwartungswerte der zweiten Ableitungen die Kovarianzmatrix der Schätzwerte $t_1 \ldots t_q$ liefert, sodaß Konfidenzintervalle und statistische Tests für die Schätzer gerechnet werden können.

Bekanntlich liefert bei genügend großen Stichproben die ML Schätzung asymptotisch erwartungstreue, effiziente, normalverteilte Schätzer, sodaß für die Schätzer der Parameter die üblichen t Tests angewendet werden können.

Wie bereits bei der gewöhnlichen ML Schätzung im unrotierten Fall läßt sich ein nach denselben Überlegungen konstruierter Likelihood Ratio Test angeben, mit dessen Hilfe entschieden werden kann, ob die Anpassung des hypothetischen Modells ausreicht oder nicht.

5.11) $\quad LR = N \left(\ln |S_0| - \ln |\hat{S}| + tr(\hat{S} \, S_0^{-1}) - p \right)$

ist unter H_0 approximativ χ^2 verteilt mit df Freiheitsgraden.

df ist die Anzahl der fest gewählten Parameter im Modell, also

$$df = \frac{1}{2} p (p+1) - q.$$

$\frac{1}{2} p (p+1)$ ist die Anzahl der frei wählbaren Elemente in der Kovarianzmatrix $\hat{\underline{S}}$, die ohne Restriktionen geschätzt wird.

q ist die Anzahl der frei wählbaren Elemente in $\underline{S}_0$, die mit Restriktionen geschätzt wird.

Die folgenden Beispiele wurden LISREL IV gerechnet,[1] einem

---

1) Für die Möglichkeit, LISREL IV zu benützen, bin ich dem Zentralarchiv für empirische Sozialforschung, insbesondere Frau Wieken-Mayser zu Dank verpflichtet. Mein besonder Dank gilt Herrn Jagodzinkski von der Universität Köln, der mich bei den ersten Gehversuchen mit dem Programm angeleitet und beraten hat.

Programmpaket von J ö r e s k o g und S ö r b o m (1978),
in dem als Submodell auch die ML Lösung von konfirmatórischen
Faktorenanalysen enthalten ist.

Als Beispiel wählen wir wiederum eine Korrelationsmatrix der
9 Aufstiegsvariablen, die allerdings einer anderen Population
entstammt (A r m i n g e r, 1978 b, S. 6o9 f).
Es handelt sich um eine Befragung von 1o4 Produktionsmeistern
der verstaatlichten chemischen Industrie in Linz, Österreich.

Tab. 19: Korrelationsmatrix der Aufstiegsvariablen
         (Chemiemeister, untere Dreiecksmatrix)

	FACK	LEIS	VERL	PERS	DIEA	LEBA	BEZI	PART	MITG
FACK	1.ooo								
LEIS	o.451	1.ooo							
VERL	o.378	o.294	1.ooo						
PERS	o.227	o.222	o.27o	1.ooo					
DIEA	o.269	o.179	-o.o67	o.124	1.ooo				
LEBA	o.188	o.14o	o.o93	o.141	o.281	1.ooo			
BEZI	-o.3o5	-o.388	-o.437	-o.o81	o.o26	o.oo7	1.ooo		
PART	-o.177	-o.383	-o.4oo	-o.o29	o.oo3	-o.o44	o.6o2	1.ooo	
MITG	-o.168	-o.273	-o.297	o.o32	o.o38	-o.o26	o.498	o.532	1.ooo

Die Variablen sind inhaltlich gleich definiert wie in den vorhergehenden Beispielen.

FACK = V1 = Fachkönnen   LEBA = V6 = Lebensalter
LEIS = V2 = Leistung   BEZI = V7 = Beziehungen
VERL = V3 = Verläßlichkeit   PART = V8 = Parteibuch
PERS = V4 = Persönliches   MITG = V9 = Mitgliedschaft in
            Auftreten   Freizeitorganisa-
DIEA = V5 = Dienstalter   tionen des Betriebs.

Bei Betrachten der Korrelationsmatrix fällt auf, daß V4
schwächer mit V1 - V3 korreliert und V7 - V9 untereinander
stärker korrelieren als zuvor. Die negativen Korrelationen
zwischen V1 - V3 und V7 - V9 sind stärker als im vorangegan-
genen Beispiel.

Eine unrotierte Hauptfaktorenlösung ohne Iteration liefert
folgende Ladungsmatrix mit zwei Faktoren (Alle Faktoren mit
Eigenwerten < 1 wurden eliminiert).

Tab. 2o: Hauptfaktorenlösung der Korrelationsmatrix von
        Tab. 19:

	Faktoren	
Variable	1	2
FACK	-o.513	o.396
LEIS	-o.589	o.219
VERL	-o.594	o.o19
PERS	-o.226	o.327
DIEA	-o.1o6	o.449
LEBA	-o.149	o.353
BEZI	o.719	o.225
PART	o.691	o.279
MITG	o.566	o.289

Im Gegensatz zur bisherigen Analyse erhalten wir zunächst nur
zwei Faktoren. Die höchsten negativen Ladungen beim 1. Faktor
weisen Fachkönnen, Leistung und Verläßlichkeit, die höchsten
positiven Ladungen treten bei Beziehungen, Parteibuch und Mitgliedschaft auf. Am zweiten Faktor laden am stärksten Fachkönnen, Persönliches Auftreten sowie Dienst- und Lebensalter. Da
wir nur 2 Faktoren zur Verfügung haben, läßt diese erste Analyse keine reine Identifikation von Itemgruppen mit Faktoren
zu. Unsere erste Vermutung war daher, den ersten Faktor als
bipolaren Faktor mit den Polen persönliche Leistung und Parteibuch aufzufassen und die Variablen PERS, DIEA und LEBA dem

zweiten Faktor zuzuordnen.

Dies entspricht folgender Spezifikation in LISREL.

Tab. 21: Spezifikation eines ersten konfirmatorischen Faktorenanalysemodells für Tab. 19.

KONFIRMATORISCHE FAKTORENANALYSE FÜR AUFSTIEGSVARIABLE
PARAMETER SPECIFICATIONS

LAMBDA Y

	ETA...1	ETA...2
FACK	1	0
LEIS	2	0
VERL	3	0
PERS	0	4
DIEA	0	5
LEBA	0	6
BEZI	7	0
PART	8	0
MITG	9	0

PSI

	EQ...1	EQ...2
EQ. 1	0	
EQ. 2	10	0

THETA EPS

FACK	LEIS	VERL	PERS	DIEA	LEBA	BEZI	PART	MITG
11	12	13	14	15	16	17	18	19

Für die Bezeichnungen in LISREL und unsere Notation gelten folgende Entsprechungen

$$\text{LAMBDA Y} = \underline{L} = \text{Matrix der Faktorladungen}$$
$$\text{ETA J} = f_j = \text{Faktor j}$$
$$\text{PSI} = \underline{P} = \text{Matrix der Korrelationen der Faktoren}$$
$$\text{THETA EPS} = \underline{U}^2 = \text{Matrix der Fehler} = \text{diag}\{1 - h_i^2\}, \ i=1,\dots p.$$

Die festen Parameter, deren Wert vom Untersucher festgelegt
wird, sind mit o bezeichnet, die freien Parameter sind durch-
laufend numeriert.

Wie ersichtlich, treffen wir nur Restriktionen in der Ladungsmatrix. Die Diagonale von $\underline{P}$ wird selbstverständlich 1 gesetzt,
die $1 - h_i^2$, $i=1,\ldots p$ sind zu schätzen. Das Modell ist gemäß
dem zweiten Kriterium, das wir angegeben haben, identifiziert.
Für die freien Parameter setzen wir als Startwert o,5 und erhalten nach Durchführung des Iterationsverfahrens folgendes
Ergebnis.

Tab. 22: Ergebnisse der ML Schätzung der ersten konfirmatori-
         schen Faktorenanalyse

LAMBDA Y

	ETA 1	ETA 2
FACK	-o.4o3	o.o
LEIS	-o.527	o.o
VERL	-o.556	o.o
PERS	o.o	o.267
DIEA	o.o	o.475
LEBA	o.o	o.577
BEZI	o.784	o.o
PART	o.752	o.o
MITG	o.624	o.o

PSI

	EQ. 1	EQ. 2
EQ. 1	1.ooo	
EQ. 2	-o.144	1.ooo

THETA EPS

FACK	LEIS	VERL	PERS	DIEA	LEBA	BEZI	PART	MITG
o.838	o.722	o.691	o.929	o.775	o.667	o.385	o.434	o.611

TEST OF GOODNESS OF FIT
CHI SQUARE WITH 26 DEGREES OF FREEDOM IS   51.8282
PROBABILITY LEVEL = o.oo19

Die Faktorladungen zeigen erwartungsgemäß eine ähnliche Struktur wie die Hauptfaktorenlösung. Die beiden Faktoren sind mit
-o.144 schwach negativ korreliert. Die Kommunalitäten sind,
wie aus THETA EPS ersichtlich eher gering. Der Anpassungstest
liefert einen Wert LR = 51.8282, der mit 26 df und α = o.oo19
zu einer Ablehnung von H_o, das Modell ist hinreichend ange-
paßt, führt.

Da wir in den vorhergehenden Analysen in einer anderen Popu-
lation immer drei Faktoren erhalten haben, liegt es nahe, ein
Modell mit drei Faktoren zu testen. Dazu wählen wir folgendes
Modell

Tab. 23: Spezifikation eines zweiten Modells für Tabelle 19.

KONFIRMATORISCHE FAKTORENANALYSE MIT AUFSTIEGSVARIABLEN

PARAMETER SPECIFICATIONS
         LAMBDA Y

	ETA 1	ETA 2	ETA 3
FACK	1	o	o
LEIS	2	o	o
VERL	3	o	o
PERS	o	4	o
DIEA	o	5	o
LEBA	o	6	o
BEZI	o	o	7
PART	o	o	8
MITG	o	o	9

        PSI
            EQ. 1   EQ. 2   EQ. 3
EQ. 1   o
EQ. 2   1o   o
EQ. 3   11   12   o

        THETA EPS
FACK   LEIS   VERL   PERS   DIEA   LEBA   BEZI   PART   MITG
 13   14   15   16   17   18   19   2o   21

Auf Grund der Ergebnisse der Hauptfaktorenlösung vermuten wir,
daß die Variable PERS eher in eine gemeinsame Gruppe mit DIEA
und LEBA gehört, sodaß dieses Modell etwas von den Ergebnissen
der anderen Abschnitte abweicht.
Wir erhalten

Tab. 24: Ergebnisse der zweiten konfirmatorischen Faktoren-
         analyse

        LAMBDA Y
            ETA 1   ETA 2   ETA 3
FACK   o.6o7   o.o   o.o
LEIS   o.651   o.o   o.o
VERL   o.579   o.o   o.o
PERS   o.o   o.47o   o.o
DIEA   o.o   o.389   o.o
LEBA   o.o   o.385   o.o
BEZI   o.o   o.o   o.796
PART   o.o   o.o   o.768
MITG   o.o   o.o   o.646

        PSI
            EQ. 1   EQ. 2   EQ. 3
EQ. 1   1.ooo
EQ. 2   o.689   1.ooo
EQ. 3   -o.7o7   -o.o46   1.ooo

```
          THETA EPS
FACK    LEIS    VERL    PERS    DIEA    LEBA    BEZI    PART    MITG
o.631  o.576   o.664   o.779   o.848   o.852   o.367   o.41o   o.583
```

```
TEST OF GOODNESS OF FIT
CHI SQUARE WITH 24 DEGREES OF FREEDOM IS          29.62o9
PROBABILITY LEVEL = o.1976
```

Der Anpassungstest mit LR = 29.6 bei 24 df läßt uns H_O beibe-
halten, da der Fehler erster Art bei einer Ablehnung von H_O
α = o.1976 betragen würde. Wir haben somit ein hinreichend
angepaßtes Modell gefunden.

Die Korrelationen der Faktoren untereinander zeigen eine
hohe positive Korrelation von f_1 mit f_2, eine stark negative
von f_1 und f_3 sowie die Orthogonalität von f_2 und f_3 (r_{23} =
-o.o46).

Aus der Matrix der zweiten Ableitungen, die ebenfalls ausge-
druckt werden kann, lassen sich Schätzer für die Standardabweichung der freien Parameter(mit t_1 bezeichnet), sowie die
t-Werte bei einem Test gegen H_O: t_1 = o, l=1,...q berechnen.
(t = t_1/s_1 wenn s_1 die Standardabweichung ist).

Tab. 25: Standardabweichungen der geschätzten Parameter
         t_1, l=1,...q aus Tab. 24

```
STANDARD ERRORS
          LAMBDA Y
          ETA  1        ETA  2        ETA  3
FACK      o.1o4         o.o           o.o
LEIS      o.1o3         o.o           o.o
VERL      o.1o5         o.o           o.o
PERS      o.o           o.14o         o.o
DIEA      o.o           o.134         o.o
LEBA      o.o           o.134         o.o
```

	ETA 1	ETA 2	ETA 3
BEZI	0.0	0.0	0.093
PART	0.0	0.0	0.094
MITG	0.0	0.0	0.097

PSI

	EQ. 1	EQ. 2	EQ. 3
EQ. 1	0.0		
EQ. 2	0.178	0.0	
EQ. 3	0.095	0.177	0.0

THETA EPS

FACK	LIES	VERL	PERS	DIEA	LEBA	BEZI	PART	MITG
0.110	0.108	0.111	0.146	0.140	0.139	0.089	0.089	0.098

Tab. 26: t-Werte aus t_1, $l=1,\ldots q$ aus Tab. 24.

T-VALUES

LAMBDA Y

	ETA 1	ETA 2	ETA 3
FACK	5.837	0.0	0.0
LEIS	6.303	0.0	0.0
VERL	5.538	0.0	0.0
PERS	0.0	3.366	0.0
DIEA	0.0	2.896	0.0
LEBA	0.0	2.867	0.0
BEZI	0.0	0.0	8.525
PART	0.0	0.0	8.170
MITG	0.0	0.0	6.643

PSI

	EQ. 1	EQ. 2	EQ. 3
EQ. 1	0.0		
EQ. 2	3.858	0.0	
EQ. 3	-7.407	-0.258	0.0

```
      THETA EPS
 FACK    LEIS    VERL    PERS    DIEA    LEBA    BEZI    PART    MITG
5.757   5.353   5.96o   5.332   6.o76   6.1o7   4.138   4.6o8   5.958
```

Nimmt man als Untergrenze des kritischen Werts für das Testniveau $\alpha = 0.o5$ und einen beidseitigen Test für H_o: $t = o$ den Wert $t_o = 1.96$, so sind alle Parameter mit Ausnahme von $r_{23} = -o.o46$ signifikant von o verschieden. Dabei wird allerdings nicht berücksichtigt, daß nicht ein Test, sondern q Tests durchgeführt werden, sodaß die Irrtumswahrscheinlichkeit in Wirklichkeit wesentlich höher ist. Daher ist es empfehlenswert, das Testniveau für den einzelnen Test auf $\alpha^* = \alpha/q$ zu setzen, damit insgesamt das Testniveau α annähernd erreicht wird (Vgl. K e n d a l l und S t u a r t, 1968, S. 4o).

LISREL IV liefert unter anderem folgende Informationen.

Tab. 27: Reproduzierte Korrelationsmatrix $\underline{S}_o$ für die Korrelationsmatrix der Aufstiegsvariablen in Tab. 19.

```
            FACK    LEIS    VERL    PERS    DIEA   LEBA   BEZI   PART MITG
FACK   1.ooo
LEIS   o.395   1.ooo
VERL   o.352   o.377   1.ooo
PERS   o.196   o.211   o.187   1.ooo
DIEA   o.163   o.175   o.155   o.183   1.ooo
LEBA   o.161   o.173   o.154   o.181   o.15o   1.ooo
BEZI  -o.341  -o.366  -o.326  -o.o17  -o.o14  -o.o14  1.ooo
PART  -o.329  -o.353  -o.314  -o.o16  -o.o14  -o.o14  o.611  1.ooo
MITG  -o.277  -o.297  -o.265  -o.o14  -o.o11  -o.o11  o.514  o.496 1.ooo
```

Tab. 28: $\hat{\underline{S}} - \underline{S}_o$, also die Differenz der beobachteten und geschätzten Korrelationsmatrix

	FACK	LEIS	VERL	PERS	DIEA	LEBA	BEZI	PART	MITG
FACK	0.000								
LEIS	0.056	0.000							
VERL	0.026	-0.083	0.000						
PERS	0.031	0.011	0.083	-0.000					
DIEA	0.1o6	0.004	-0.222	-0.059	0.000				
LEBA	0.027	-0.033	-0.061	-0.04o	0.131	0.000			
BEZI	0.036	-0.022	-0.111	-0.064	0.04o	0.021	-0.000		
PART	0.152	-0.03o	-0.086	-0.013	0.017	-0.03o	-0.009	0.000	
MITG	0.1o9	0.024	-0.032	0.046	0.049	-0.015	-0.016	0.036	0.000

Tab. 29: Y - ETA = $\underline{W}$ = Matrix der Korrelationen zwischen Variablen und Faktoren

	ETA 1	ETA 2	ETA 3
FACK	0.6o7	0.418	-0.429
LEIS	0.651	0.449	-0.46o
VERL	0.579	0.399	-0.4o9
DIEA	0.268	0.389	-0.o18
LEBA	0.265	0.385	-0.o18
BEZI	-0.562	-0.036	0.796
PART	-0.543	-0.035	0.768
MITG	-0.457	-0.03o	0.646

Tab. 3o: Regressionskoeffizienten der Faktoren gegen die Variablen

	ETA				
	FACK	LEIS	VERL	PERS	DIEA
ETA 1	0.815	-0.o83	-0.16o	-0.137	0.265
ETA 2	0.6o8	-0.1o6	-0.497	-0.212	0.113
ETA 3	-0.511	0.166	-0.234	0.014	0.o66

	LEBA	BEZI	PART	MITG
ETA 1	-o.1o1	o.o98	o.155	o.123
ETA 2	o.o68	-o.28o	o.165	o.oo8
ETA 3	o.126	-o.181	o.2o5	-o.255

Insgesamt zeigt dieses Beispiel, wie nutzbringend eine vorher-
gehende Information zum Bilden geeigneter Hypothesen verwendet
werden kann. Eine einfache Faktorenanalyse, die nur zwei Faktoren aufzeigt, ist sicherlich weniger gut zur Erklärung der
gegebenen Daten geeignet. Die konfirmatorische Faktorenanalyse
bietet daher die - leider nur selten genutzte - Möglichkeit,
verstärkt theoretische Ergebnisse in die Modellbildung einzu-
bringen.

Wesentlicher Vorteil von LISREL ist die Existenz von Tests,
die eine Abschätzung der Güte eines Modells ermöglichen.
Dies wird allerdings durch die Annahme erkauft, daß x multivariat normalverteilt ist, was in Anbetracht des in den Humanwissenschaften üblichen Meßniveaus sowie der Meßfehler nur als
sehr gewagte Annahme bezeichnet werden kann.

W e e d e und J a g o d z i n s k i (1977) erklären die konfirmatorische Faktorenanalyse mit sehr anschaulichen pfadana-
lytischen Methoden und stellen auch die Verbindung zu Faktoren
höherer Ordnung her. (Faktoren höherer Ordnung werden durch
Faktorenanalyse von Korrelationsmatrizen von Faktoren gewon-
nen. Dies stellt nach unserer Auffassung in den meisten Fällen eine unzulässige Abstraktion dar.)

5.3   Erweiterung der ML Schätzung auf lineare Strukturglei-
chungen

Die im vorigen Abschnitt angegebene ML Methode in der konfirmatorischen Faktorenanalyse läßt sich auf allgemeine lineare
Strukturgleichungen erweitern (J ö r e s k o g, 1973).

Seien $\underline{\eta}' = (\eta_1, \ldots \eta_m)$ sowie $\underline{\xi}' = (\xi_1, \ldots \xi_n)$ latente abhängige bzw. unabhängige Variable, die durch folgende Strukturgleichung verbunden sind.

5.12) $\quad \underline{B} \quad \underline{\eta} = \underline{\Gamma} \, \underline{\xi} + \underline{\zeta} \text{ mit } \zeta' = (\zeta_1, \ldots \zeta_m)$

$\underline{\zeta}$ ist ein Fehlervektor, $\underline{B}$ ist eine mxm- und $\underline{\Gamma}$ eine mxn-Koeffizientenmatrix, $|B| \neq o$.

Ist $\underline{B} = \underline{I}$, liegt eine multivariate multiple Regression vor. Ist $\underline{B}$ eine untere Dreiecksmatrix, führen wir eine Pfadanalyse durch, z.B. für m=3, n=4.

$$\eta_1 = \gamma_{11} x_1 + \gamma_{12} x_2 + \gamma_{13} x_3 + \gamma_{14} x_4 + \zeta_1$$
$$b_{21} \eta_1 + \eta_2 = \gamma_{21} x_1 + \gamma_{22} x_2 + \gamma_{23} x_3 + \gamma_{24} x_4 + \zeta_2$$
$$b_{31} \eta_1 + b_{32} \eta_2 + \eta_3 = \gamma_{31} x_1 + \gamma_{32} x_2 + \gamma_{33} x_3 + \gamma_{34} x_4 + \zeta_3$$

Nicht rekursive Kausalmodelle lassen sich durch $\underline{B}$ ebenfalls definieren, z.B.:

$$\eta_1 = -b_{12}\, \eta_2 - b_{13}\, \eta_3 + \gamma_{11}\, x_1 + \gamma_{12}\, x_2 + \zeta_1$$

$$\eta_2 = -b_{21}\, \eta_1 - b_{23}\, \eta_3 + \gamma_{21}\, x_1 + \gamma_{22}\, x_2 + \zeta_2$$

$$\eta_3 = -b_{31}\, \eta_1 - b_{32}\, \eta_2 + \gamma_{31}\, x_1 + \gamma_{32}\, x_2 + \zeta_3$$

Häufig tritt der Fall auf, daß sowohl $\underline{\eta}$ als auch $\underline{\xi}$ nicht beobachtet, sondern nur aus anderen beobachteten Variablen erschlossen werden können. Dies läßt sich wiederum in einem linearen Modell darstellen.

5.13) $\quad \underline{y} = \underline{L} \, \underline{\eta} + \underline{\varepsilon}$

$\underline{y}' = (y_1, \ldots y_p), \quad \underline{\varepsilon} = (\varepsilon_1, \ldots \varepsilon_p),$
$\underline{L}$ ist eine pxm Ladungsmatrix,
$\underline{\varepsilon}$ der Fehlervektor

5.14) $\underline{X} = \underline{M}\,\underline{\xi} + \underline{\delta}$

$\underline{x} = (x_1, \ldots x_q),\ \underline{\delta} = (\delta_1, \ldots \delta_q),$
$\underline{M}$ ist eine qxn Ladungsmatrix,
$\underline{\delta}$ der Fehlervektor

LISREL ermöglicht es nun, in einem Arbeitsgang sowohl $\underline{L}$ und $\underline{M}$ (Faktorenanalyse) als auch $\underline{B}$ und $\underline{\Gamma}$ (Strukturgleichungsmodell) zu schätzen. Diese Schätzung ist statistisch effizienter als das übliche schrittweise Verfahren, zuerst die Ladungsmatrizen und die Faktorwerte und dann, mit Hilfe der zweistufigen Kleinste Quadrate Methode, $\underline{B}$ und $\underline{\Gamma}$ zu schätzen.

Insbesondere stellt LISREL eine Verbindung von Kausalstruktur und Meßmodell dar, die aus wissenschaftstheoretischen Gründen außerordentlich erwünscht'ist. Von großem Nachteil ist - wie bereits bemerkt - die Annahme der multivariaten Normalität, die für den Zufallsvektor $(\underline{x}', \underline{y}')$ gelten muß. Als Einführungslektüre seien S c h m i d t und G r a f f (1975) empfohlen, weiterführende statistische Literatur ist in J ö r e s k o g (1973, 1977) und J ö r e s k o g und S ö r b o m (1977, 1978) enthalten.

6 Robuste Schätzung des Korrelationskoeffizienten

Bei der Anwendung der Faktorenanalyse in den Humanwissenschaften treten häufig Verletzungen grundlegender Annahmen der Faktorenanalyse auf. Die Maximum-Likelihood-Lösung erfordert die multivariate Normalverteilung von $\underline{x}$, jede Faktorenanalyse setzt zunächst quantitative Variable $\underline{x}$ voraus. Es ist daher sinnvoll zu überlegen, welche Maßnahmen bei Verletzungen dieser Annahmen ergriffen werden können. Wir behandeln zunächst das Problem nicht normalverteilter Merkmale.

Man geht von folgender Überlegung aus. Empirische Verteilungen weichen von der Normalverteilung meistens in dem Sinn ab, daß ihre Masse stärker an den Enden der Verteilung konzentriert ist, als bei der Normalverteilung. Wenn es sich dabei um "Ausreißer" der zugrundeliegenden Verteilung handelt, die sowohl Mittelwert als auch Varianz verzerren, liegt es nahe, sogenannte robuste Schätzer für Mittelwert und Varianz zu suchen, bei deren Berechnung Ausreißer nicht oder nur wenig eingehen. Dies kann auf mehrere Weisen erreicht werden. (G n a n a d e - s i k a n und K e t t e n r i n g, 1972). Wir geben hier nur die Methode des sogenannten trimming an, d.h. das oberste und das unterste α-Quantil der Verteilung (z.B. $\alpha = 5\%$) werden weggelassen. Zur robusten Schätzung des Korrelationskoeffizienten, der uns in der Regel für die Faktorenanalyse interessiert, machen wir uns folgende Identität zunutze

$$6.1) \quad \text{Kov}(x_1, x_2) = \frac{1}{4}(\text{Var}(x_1 + x_2) - \text{Var}(x_1 - x_2)), \text{ da}$$

$$\text{Var}(x_1 \pm x_2) = \text{Var}\, x_1 + \text{Var}\, x_2 \pm 2\,\text{Kov}(x_1, x_2)$$

Wir geben jetzt für zwei Variable x_1 und x_2 die Berechnung eines robusten Schätzers für den Korrelationskoeffizienten mit der Methode des trimmings an (* bezeichnet jeweils den getrimmten Schätzer)

Schritt 1: $\bar{x}_1^* = \dfrac{1}{N\alpha} \sum {}^* x_{1i}$

$\bar{x}_2^* = \dfrac{1}{N\alpha} \sum {}^* x_{2i}$ } getrimmte Mittelwerte

Insgesamt werden α Prozent der Meßwerte zu gleichen Teilen an beiden Enden der Verteilung weggenommen (in der Regel $\alpha=10$ %). $\sum^*$ bedeutet, die Summierung erfolgt nur über die zugelassenen Werte. $N\alpha$ ist die Zahl der Meßwerte N minus α Prozent der Meßwerte.

Schritt 2: $s_2^{*2} = \dfrac{1}{N\alpha} \sum^* (x_{1i} - \bar{x}_1^*)^2$

$s_2^{*2} = \dfrac{1}{N\alpha} \sum^* (x_{2i} - \bar{x}_2^*)^2$ } getrimmte Varianzen

Bei der Berechnung der Varianzen wird α häufig kleiner, z.B. 5%, gewählt.

Schritt 3: Berechne die standardisierten Werte

$$z_{1i} = x_{1i} / \sqrt{s_1^{*2}} \qquad i=1,2\ldots N$$

$$z_{2i} = x_{2i} / \sqrt{s_2^{*2}} \qquad i=1,2\ldots N$$

und bilde

$$v_{1i} = z_{1i} + z_{2i} \qquad i=1,2\ldots N$$
$$v_{2i} = z_{1i} - z_{2i} \qquad i=1,2\ldots N$$

Berechne für v_{1i} und für v_{2i} wie in Schritt 1. und 2. die getrimmten Mittelwerte $\bar{v}_1^*$, $\bar{v}_2^*$ und Varianzen $s_{v_1}^{*2}$, $s_{v_2}^{*2}$.

Schritt 4: $r_{12}^* = (s_{v_1}^{*2} - s_{v_2}^{*2}) / (s_{v_1}^{*2} + s_{v_2}^{*2})$

ist dann ein robuster, allerdings nicht erwartungstreuer Schätzer für ρ_{12}, der jedoch die Cauchy-Schwarz'sche-Ungleichung erfüllt.
Somit ist r_{12}^* immer auf $[-1,1]$ normiert.

Bildet man die Korrelationsmatrix $\underline{R}^*$ aus robusten Schätzern r^*_{ij}, $i,j=1,2...p$, so istdiese <u>nicht</u> <u>unbedingt</u> <u>positiv</u> <u>semidefinit</u>, was wir für die Faktorenanalyse bisher vorausgesetzt haben. D e v l i n , G n a n a d e s i k a n und K e t - t e n r i n g (1975) schlagen zwei Methoden vor, die mit den uns zur Verfügung stehenden Mitteln durchgeführt werden können.

Die erste Methode besteht darin, alle Eigenwerte und Eigenvektoren von $\underline{R}^*$ zu berechnen.

6.2) $\underline{R}^* = \underline{C}\ \underline{G}\ \underline{C}'$

Enthält $\underline{G}$ negative Eigenwerte, werden Konstante addiert, sodaß auch die <u>negativen</u> <u>Eigenwerte</u> <u>positiv</u> werden.
Aus der modifizierten Diagonalmatrix $\underline{G}^M$ wird dann
$\underline{R}^M = \underline{C}\ \underline{G}^M\ \underline{C}'$ berechnet.

Die zweite Methode besteht in einer <u>wiederholten Anwendung</u> der <u>Fisher'schen z-Transformation</u>.
Zunächst wird $\underline{R}^* = \underline{C}\ \underline{G}\ \underline{C}'$ berechnet. Liegen negative Eigenwerte vor, wird folgende Regel so oft angewandt, bis alle Eigenwerte der neuen Korrelationsmatrix positiv werden.

Sei r^*_{ij} eine robuste Schätzung

$$
t(r^*_{ij}) = \begin{cases} z^{-1}\left[z(r^*_{ij}) + \Delta\right] & \text{für } r^*_{ij} < -z^{-1}(\Delta) \\ O & \text{für } |r^*_{ij}| \leq z^{-1}(\Delta) \\ z^{-1}\left[z(r^*_{ij}) - \Delta\right] & \text{für } r^*_{ij} > z^{-1}(\Delta) \end{cases}
$$

$$z = \frac{1}{2}\ \ln\ (1 + r^*_{ij})/(1 - r^*_{ij})$$

$z^{-1} = \tanh z$, $\tanh z$ ist der tangens hyperbolicus von z.

Für Δ wird häufig der Wert $\Delta = 0.005$ verwendet.

7 Faktorenanalyse bei ordinalem und nominalem Meßniveau

7.1 Faktorisierung ordinaler Variablen

Ordinale Variable sind dadurch gekennzeichnet, daß zwar eine
Ordnung der Merkmalsausprägungen bekannt ist, nicht jedoch
die Abstände zwischen ihnen. Typische Beispiele sind Schulno-
ten oder Einstellungsfragen mit Merkmalsausprägungen von stim-
me auf jeden Fall zu bis lehne stark ab. Statistiken wie Mittelwert und Varianz dürfen dann strenggenommen nicht mehr berechnet werden. Die Zahlen 1,2...k, die den Ausprägungen üb-
licherweise zugeordnet sind, können beliebigen monotonen
Transformationen ohne Änderung des Informationsgehalts unterworfen werden.

In der Regel wird angenommen, daß den ordinalen Variablen
quantitative Variable zugrunde liegen, die verzerrt wurden,
sei es durch Zufallseinflüsse, sei es durch systematische
Transformationen. Die Korrelationen zwischen den quantitativen Variablen werden nun ebenfalls verzerrrt, korreliert man
die Werte der ordinalen Variablen miteinander. M a y e r   und
R o b i n s o n   (1977) konnten an Hand von Simulationsstudien
zeigen, daß bei "schwacher" monotoner Transformation wie
$y = x^2$ oder $y = \sqrt{x}$ nur geringfügige Veränderungen der Korrelationen zwischen Variablen auftreten. Dies ist jedoch nicht der
Fall bei "starken" Transformationen wie $y = e^x$ und $y = \ln x$.
Hier treten sowohl bei gleich- als auch bei normalverteilten
Variablen starke Änderungen der Korrelationskoeffizienten auf.
Sind z.B. die normalverteilten Zufallsvariablen x_1, x_2 mit
$r_{12} = 0.566$ korreliert, so sind $y_1 = e^{x_1}$, $y_2 = e^{x_2}$ mit $r^*_{12} =$
0.067 im Durchschnitt korreliert. Die häufig verwendete Tech-
nik, einfach Korrelationen zwischen ordinalen Variablen wie
bei quantitativen Variablen zu rechnen, kann daher zu irre-
führenden Ergebnissen führen und ist nur mit Vorsicht und be-
gründeten Annahmen über die Art möglicher Verzerrungen anzu-

wenden. Die gern als Gegenargument zitierten Simulationen von
L a b o v i t z (197o) sind nur auf Variable beschränkt, die
aus einer quantitativen Variablen durch Zufallsüberlagerungen
mit relativ kleiner Varianz entstehen. Für den allgemeinen
Fall ordinaler Variabler kann dies keinesfalls angenommen werden, wie M a y e r (1971) gezeigt hat.

Für diesen allgemeinen Fall definieren wir einen verallgemei-
nerten Korrelationskoeffizienten Γ, der auf Grund folgender
Überlegungen konstruiert ist. Wir betrachten 1,2...N Indivi-
duen, gemessen an zwei Variablen x und y. Jedem Paar von Indi-
viduen i und j weisen wir einen Wert a_{ij} in x und einen Wert
b_{ij} in y zu mit der Bedingung, daß $a_{ij} = - a_{ji}$ bzw. $b_{ij} = -b_{ji}$
und $a_{ij} = b_{ij} = o$ für $i = j$. (Vgl. K e n d a l l, 1962, S.19)

$$7.1 \quad \Gamma = \sum_{i=1}^{N} \sum_{j=1}^{N} a_{ij} b_{ij} / \left(\sum_{i=1}^{N} \sum_{j=1}^{N} a_{ij}^{2} \sum_{i=1}^{N} \sum_{j=1}^{N} b_{ij}^{2} \right)^{\frac{1}{2}}$$

Wenn quantitative Variable x,y gegeben sind mit x_i und y_i,
$i=1,...N$ setzen wir $a_{ij} = x_j - x_i$ und $b_{ij} = y_j - y_i$ und erhalten

$$7.2) \quad \sum_{i=1}^{N} \sum_{j=1}^{N} (x_j - x_i)(y_j - y_i) = 2N \sum_{i=1}^{N} x_i \cdot y_i - \sum_{i=1}^{N} \sum_{j=1}^{N} x_i y_j =$$

$$= 2N \; Kov \; (x,y)$$

$$\sum_{i=1}^{N} \sum_{j=1}^{N} (x_j - x_i)^2 = 2N \sum_{i=1}^{N} x_i^2 - \left(\sum_{i=1}^{N} x_i \right)^2 = 2N \; Var \; (x)$$

Daraus folgt: $\Gamma = r_{xy}$ für x, y quantitativ

Wenn keine Variablen, sondern die Ränge x_i und y_i gegeben
sind, erhalten wir für Γ den Spearman'schen Rangkorrelations-
koeffizient ρ (K e n d a l l, 1962, S. 2o)

Liegen viele Bindungen (ties) vor, sodaß die Berechnung des
Rangkorrelationskoeffizienten nicht angemessen ist, treffen
wir folgende Konventionen:

7.3) $a_{ij} = + 1$ wenn i bezüglich der Eigenschaft x "größer"
                  ist als j

     $a_{ij} = $ o wenn i und j bezüglich x gleich sind

     $a_{ij} = - 1$ wenn i bezüglich x "kleiner" ist als j.

In gleicher Weise wird b_{ij} bezüglich y definiert. In diesem
Fall entspricht Γ dem Kendall'schen Koeffizienten τ_b.
Mit Hilfe von Γ lassen sich Variable auf unterschiedlichem
Meßniveau korrelieren. Je nach Meßniveau wird a_{ij} bzw. b_{ij} de-
finiert und in der Γ-Formel verwendet.

Wir kehren nun zu unserem ursprünglichen Beispiel der neun
Aufstiegsvariablen zurück. Wir gehen von den gleichen Daten
aus, wie in Tab. 3, nur berechnen wir an Stelle des Produkt-
moment-Korrelationskoeffizienten mit Formel 7.3) das
Kendall'sche τ_b zwischen allen Variablen. Dies entspricht
auch besser dem Meßniveau einer Skala, die zwischen völlig un-
wichtig bis sehr wichtig gestuft ist.

Tab. 31: Matrix der τ_b-Koeffizienten für neun Aufstiegsvariable (N = 344)

	V1	V2	V3	V4	V5
V1	1.000	o.486	o.41o	o.351	o.095
V2	o.486	1.ooo	o.395	o.288	o.o9o
V3	o.41o	o.395	1.ooo	o.333	o.155
V4	o.351	o.288	o.333	1.ooo	-o.oo2
V5	o.095	o.o9o	o.155	-o.oo2	1.ooo
V6	o.o16	o.o95	o.1oo	o.o4o	o.439
V7	o.131	o.o59	o.198	o.216	o.131
V8	-o.o12	o.oo3	o.oo5	-o.o18	o.343
V9	-o.o61	-o.o83	-o.o19	o.91	o.o82

	V6	V7	V8	V9
V1	o.o16	o.131	-o.o12	-o.o61
V2	o.o95	o.o59	o.oo3	-o.o83
V3	o.1oo	o.198	o.oo5	-o.o19
V4	o.o4o	o.216	-o.o18	o.o91
V5	o.439	o.131	o.343	o.o82
V6	1.ooo	o.135	o.24o	o.o37
V7	o.135	1.ooo	o.368	o.28o
V8	o.24o	o.368	1.ooo	o.293
V9	o.o37	o.28o	o.293	1.ooo

Vergleicht man zunächst diese Tabelle der Korrelationskoeffizienten mit den gewöhnlichen Produktmomentkorrelationskoeffizienten in Tab. 3, ergeben sich keine sonderlich großen Unterschiede. Die Werte in der τ_b-Tabelle sind dem Betrage nach etwas kleiner als in der anderen Tabelle. Die Unterschiede sind jedoch gering, die größte Differenz beträgt o.131, die durchschnittliche Differenz ist ca. o.o34. Wir können daher erwarten, daß sich die Ergebnisse der Faktorenanalyse nicht sehr stark von den vorhergehenden unterscheiden. Wir geben in der nächsten Tabelle die mit SPSS gerechnete iterierte Hauptfaktorenlösung mit anschließender Varimaxrotation an.

Tab. 32: Iterierte Hauptfaktorenlösung, Kommunalitätenschätzung und Varimaxrotation der Korrelationsmatrix aus Tab. 31.

	FACTOR 1	FACTOR 2	FACTOR 3
V1	o.585	-o.39o	-o.o13
V2	o.54o	-o.352	-o.1o8
V3	o.571	-o.249	-o.o1o
V4	o.451	-o.237	o.2oo
V5	o.445	o.483	-o.45o
V6	o.318	o.338	-o.281
V7	o.434	o.293	o.419

	FACTOR 1	FACTOR 2	FACTOR 3
V8	o.31o	o.556	o.135
V9	o.138	o.333	o.347

VARIABLE	COMMUNALITY	FACTOR	EIGENVALUE	PCT OF VAR	CUM PCT
V1	o.496	1	1.771	48.3	48.3
V2	o.428	2	1.25o	34.1	82.3
V3	o.389	3	o.648	17.7	1oo.o
V4	o.3oo				
V5	o.634				
V6	o.295				
V7	o.45o				
V8	o.424				
V9	o.251				

VARIMAX ROTATED FACTOR MATRIX

	FACTOR 1	FACTOR 2	FACTOR 3
V1	o.7o3	o.o37	-o.o29
V2	o.639	o.1o2	-o.o94
V3	o.611	o.112	o.o48
V4	o.515	-o.o74	o.17o
V5	o.o74	o.787	o.o97
V6	o.o58	o.531	o.o95
V7	o.213	o.o88	o.63o
V8	-o.o5o	o.379	o.526
V9	-o.o57	o.o28	o.497

TRANSFORMATION MATRIX

	FACTOR 1	FACTOR 2	FACTOR 3
FACTOR 1	o.825	o.444	o.347
FACTOR 2	-o.562	o.596	o.572
FACTOR 3	o.o46	-o.667	o.742

Die Aussage der Faktorenanalyse bleibt im Vergleich zu vorhin unverändert. Items V1 bis V4 lassen sich mit Faktor 1, V5, V6

mit Faktor 2 und V7 bis V9 mit Faktor 3 identifizieren. Dies
erhalten wir auch, wenn wir mit Programm 4 von H o l m (1976)
eine nichtiterierte Hauptfaktorenlösung mit anschließender
(indirekter) Quartiminrotation durchführen. Da drei Eigenwerte
der reduzierten Matrix größer o sind, erhalten wir drei signi-
fikante Faktoren sowie folgende Tabelle:

Tab. 33: Hauptfaktorenlösung, Korrelationsmatrix der Faktoren,
         Struktur- und Faktorladungsmatrix der rotierten Fak-
         toren

FAKTORLADUNGEN

	FAKTOR 1	FAKTOR 2	FAKTOR 3
V1	o.574	-o.325	o.oo2
V2	o.541	-o.3o1	o.1o2
V3	o.571	-o.2o4	o.o11
V4	o.463	-o.194	-o.199
V5	o.354	o.4o1	o.325
V6	o.295	o.348	o.314
V7	o.391	o.3o6	-o.3o4
V8	o.27o	o.552	-o.o77
V9	o.122	o.347	-o.313

MATRIX DER KORRELATIONEN ZWISCHEN DEN SCHIEFWINKELIGEN ACHSEN

FAKTOR 1	FAKTOR 2	FAKTOR 3
1.ooo	o.191	o.132
o.191	1.ooo	o.541
o.132	o.541	1.ooo

MATRIX DER AUF DIE SCHIEFWINKELIGEN ACHSEN RECHTWINKELIG PRO-
JIZIERTEN FAKTORLADUNGEN

	FAKTOR 1	FAKTOR 2	FAKTOR 3
V1	o.658	o.o99	o.o41
V2	o.616	o.149	o.oo1
V3	o.6o3	o.18o	o.127
V4	o.5o6	o.o16	o.168

V5	o.138	o.625	o.374
V6	o.1o8	o.554	o.282
V7	o.226	o.246	o.555
V8	o.oo5	o.463	o.587
V9	-o.o34	o.124	o.455

MATRIX DER AUF DIE SCHIEFWINKELIGEN ACHSEN ACHPARALLEL PRO-
JIZIERTEN FAKTORLADUNGEN

	FAKTOR 1	FAKTOR 2	FAKTOR 3
V1	o.665	-o.oo4	-o.o44
V2	o.614	o.1o6	-o.138
V3	o.589	o.o58	o.o18
V4	o.516	-o.193	o.2o4
V5	o.o19	o.615	o.o11
V6	o.oo3	o.566	-o.o25
V7	o.168	-o.1o5	o.589
V8	-o.1oo	o.224	o.475
V9	-o.o76	-o.16o	o.552

Vergleicht man die erhaltenen Werte mit den entprechenden Berechnungen für die Produktmomentkorrelationskoeffizienten,
ergeben sich weder bei den Ladungsmatrizen noch bei den Korrelationen der Faktoren bedeutende Unterschiede.
Die Werte in der Ladungsmatrix sind dem Betrage nach in Tab.
32 und Tab. 33 etwas kleiner, dies ist eine Folge der τ_b-Ko-
effizienten, die im Durchschnitt etwas kleinere Werte als die
entsprechenden Korrelationskoeffizienten angenommen haben.
Diese Unterschiede werden im wesentlichen durch zwei Faktoren
bedingt. Je größer die Zahl der verwendeten Ausprägungen in
den Variablen ist, umso mehr Information geht durch die Berechnung von τ_b verloren, je weniger linear der Zusammenhang
zwischen Variablen ist, umso schlechter wird dieser Zusammenhang durch den Korrelationskoeffizienten erfaßt. Beide Faktoren können zu einem Auseinanderklaffen von r und τ_b führen.

Bis zu diesem Punkt erscheint es unproblematisch, Faktorenanalysen mit ordinalen Variablen zu rechnen, wenn man gewillt
ist, die auf ordinaler Datenbasis gewonnenen τ_b-Koeffizienten
als Schätzer für die Korrelationskoeffizienten unter den zugrunde liegenden Variablen anzusehen. Bis jetzt wurden für
alle Berechnungen nur die Korrelationskoeffizienten benötigt.
Das Problem liegt vor allem in der Berechnung der Faktorwerte,
für die gilt

$$7.4) \quad \underset{k \times N}{\underline{F}} = \underset{k \times p}{\underline{B}} \ \underset{p \times N}{\underline{X}}$$

mit $\underline{B}$ als Matrix der Regressionskoeffizienten der Faktorwerte
gegen die Variablen. Da die Werte in $\underline{X}$ nur ordinal gemessen
sind und jeder beliebigen monotonen Transormation unterworfen
werden können, sind auch die Faktorwerte $\underline{F}$, die häufig das
eigentliche Ziel der Faktorenanalyse sind, unbestimmt.

Da in normalverteilten Grundgesamtheiten gilt (K e n d a l l,
1962, S. 126)

$$7.5) \quad E(t) = \frac{2}{\pi} \sin^{-1}\rho$$

mit t als τ_b, das aus einer Stichprobe berechnet wird und ρ
als Korrelationskoeffizient einer bivariaten Normalverteilung,
liegt es nahe, den Wert $r' = \sin \frac{1}{2} \pi t$ als Schätzer für ρ zu
benützen. Wir haben diese Transformationen für die τ_b-Koeffi-
zienten der Matrix in Tab. 31 durchgeführt und erhalten folgendes Ergebnis:

Tab. 34: Matrix der transformierten Korrelationskoeffizienten

	V1	V2	V3	V4	V5
V1	1.000	0.691	0.600	0.524	0.149
V2	0.691	1.000	0.581	0.437	0.141
V3	0.600	0.581	1.000	0.499	0.241
V4	0.524	0.437	0.499	1.000	-0.003

	V1	V2	V3	V4	V5
V5	o.149	o.141	o.241	-o.oo3	1.ooo
V6	o.o25	o.149	o.156	o.o63	o.636
V7	o.2o4	o.o93	o.3o6	o.332	o.2o4
V8	-o.o19	o.oo5	o.oo8	-o.o28	o.513
V9	-o.o96	-o.13o	-o.o3o	o.142	o.128

	V6	V7	V8	V9
V1	o.o25	o.2o4	-o.o19	-o.o96
V2	o.149	o.o93	o.oo5	-o.13o
V3	o.156	o.3o6	o.oo8	-o.o3o
V4	o.o63	o.332	-o.o28	o.142
V5	o.636	o.2o4	o.513	o.128
V6	1.ooo	o.21o	o.368	o.o58
V7	o.21o	1.ooo	o.546	o.426
V8	o.368	o.546	1.ooo	o.444
V9	o.o58	o.426	o.444	1.ooo

Die Koeffizienten sind dem Betrage nach erheblich höher als sowohl die τ_b als auch die gewöhnlichen Produktmomentkorrelationskoeffizienten.

Unterwirft man diese Matrix einer Hauptfaktorenlösung mit anschließender (indirekter) Quartiminrotation, werden folgende Auswirkungen sichtbar.

Tab. 35: Hauptfaktorenlösung transformierter τ_b-Koeffizienten, Korrelationsmatrix der Faktoren, Struktur- und Ladungsmatrix der rotierten Faktoren

FAKTORLADUNGEN FAKTOR

	1	2	3
V1	o.689	-o.435	o.oo2
V2	o.652	-o.4o6	o.14o
V3	o.7o1	-o.286	o.o18
V4	o.573	-o.275	-o.265

V5	o.474	o.486	o.441
V6	o.393	o.419	o.411
V7	o.524	o.367	-o.415
V8	o.372	o.7oo	-o.o97
V9	o.172	o.435	-o.4o6

MATRIX DER KORRELATIONEN ZWISCHEN DEN SCHIEFWINKELIGEN ACHSEN

	FAKTOR 1	FAKTOR 2	FAKTOR 3
V1	1.ooo	o.129	o.177
V2	o.129	1.ooo	o.518
V3	o.177	o.518	1.ooo

MATRIX DER AUF DIE SCHIEFWINKELIGEN ACHSEN RECHTWINKELIG PRO-
JIZIERTEN FAKTORLADUNGEN

	FAKTOR 1	FAKTOR 2	FAKTOR 3
V1	o.812	o.o47	o.11o
V2	o.763	-o.o1o	o.183
V3	o.752	o.156	o.218
V4	o.64o	o.216	-o.oo1
V5	o.295	o.724	o.292
V6	-o.oo3	o.751	o.591
V7	-o.o47	o.583	o.144
V8	o.176	o.419	o.8o9
V9	o.137	o.339	o.7o5

MATRIX DER AUF DIE SCHIEWINKELIGEN ACHSEN ACHSPARALLEL PRO-
JIZIERTEN FAKTORLADUNGEN

	FAKTOR 1	FAKTOR 2	FAKTOR 3
V1	o.821	-o.o55	-o.oo7
V2	o.761	-o.182	o.143
V3	o.736	o.o21	o.o77
V4	o.651	o.263	-o.252
V5	o.222	o.772	-o.147
V6	-o.135	o.615	o.296
V7	-o.1o2	o.699	-o.199

V8	o.o34	-o.oo1	o.8o3
V9	o.o15	-o.o36	o.721

Wie man an der Matrix der achsparallel projizierten Ladungen
deutlich erkennen kann, wechselt die Variable 7 vom dritten
Faktor zum zweiten Faktor, sodaß im Gegensatz zu allen bisherigen Analysen die Variable Beziehungen mit dem zweiten und
nicht mit dem dritten Faktor, auf dem die Ladung mit-o.199
sogar negativ wird, identifiziert wird.

Da dieses Ergebnis sowohl inhaltlichen Überlegungen als auch
allen bisherigen Resultaten widerspricht, nehmen wir an, daß
es ein Produkt der Annahme ist, daß τ_b einer normalverteilten
Grundgesamtheit entstammt. Die empirischen Daten, die τ_b zu-
grundeliegen, kommen ja, da nur 5 Merkmalsausprägungen vorgegeben sind, auf jeden Fall aus einer stark gestutzten Verteilung. Bei Vorgabe von 7 oder mehr Merkmalsausprägungen
werden die Normalverteilungsannahmen eher zutreffen.

7.2 Die Verwendung von Φ Koeffizienten

Bevor wir im nächsten Abschnitt allgemein auf das Problem der
Faktorenanalyse nominal skalierter Variablen eingehen, behandeln wir den speziellen Fall der dichotomen Variablen, die nur
zwei Merkmalsausprägungen besitzen. Sie spielen in den Humanwissenschaften eine besondere Rolle, da etwa bei psychologischen Tests oder in Fragebögen der empirischen Sozialforschung
häufig nur ja - nein Antworten zugelassen sind. Bei geringen
Besetzungszahlen ist es zudem üblich, die Anzahl der Merkmalsausprägungen auf zwei pro Variable zu reduzieren.

Zur näheren Betrachtung gehen wir vom Konzept der Dummy Variablen aus. Die Variable i hat den Wert 1, wenn die erste Ausprägung zutrifft und o, wenn die zweite zutrifft.

7.6) $\quad x_i = \begin{cases} 1 & \text{für die erste Ausprägung} \\ o & \text{sonst} \end{cases}$

Der Erwartungswert $E\, x_i = p_i$, also die Wahrscheinlichkeit, daß die erste Ausprägung in der Variablen i angenommen wird.
Die Gegenwahrscheinlichkeit ist dann $1 - p_i$.
p_i wird, wenn eine Stichprobe von N Personen vorliegt, durch

$$\hat{p}_i = \frac{1}{N} \sum_{h=1}^{N} x_{ih} \quad \text{also durch die relative Häufigkeit geschätzt.}$$

Wir nehmen nun an, daß p_i durch ein <u>lineares Modell</u> mit <u>quantitativ gemessenen latenten Variablen</u> dargestellt werden kann. Für einen vorgegebenen Vektor $\underline{f}$ latenter Variablen gilt dann für die <u>bedingte Wahrscheinlichkeit</u> $p_i|\underline{f}$

7.7) $\quad p_i|\underline{f} = \sum_{j=1}^{k} l_{ij}\, f_j + u_i \quad \text{bzw.} \quad 1-p_i|\underline{f} = 1 - \sum_{j=1}^{k} l_{ij}f_j - u_i$

mit $E\, f_j = o$ und $E\, f_j^2 = 1$, also standardisierten latenten Variablen, die zunächst unkorreliert sein sollen. $E\, f_j\, f_l = o$, $j \neq l$, $j,l=1,\ldots k$.

Aus $E\, p_i = p_i = E\left(\sum_{j=1}^{k} l_{ij}\, f_j + u_i \right)$ folgt, daß $p_i = u_i$ bzw.
$1-p_i = 1 - u_i$.

Sei nun p_{im} die Wahrscheinlichkeit, daß sowohl in der Variablen i als auch in der Variablen m die erste Ausprägung angenommen wird. Dann gilt:

7.8) $\quad p_{im} = E\, x_i\, x_m \quad \text{bzw.}$

$$\hat{p}_{im} = \frac{1}{N} \sum_{h=1}^{N} x_{ih}\, x_{mh}$$

Unter der Annahme, daß für eine feste Anzahl k von Faktoren p_{im} darstellbar ist als <u>Produkt</u> der <u>bedingten Wahrscheinlichkeiten</u>,

$$7.9) \quad p_{im} = (p_i|\underline{f})(p_m|\underline{f}) = (\sum_{j=1}^{k} l_{ij} f_j + u)(\sum_{j=1}^{k} l_{mj} f_j + u_m)$$

$$= \sum_{j=1}^{k} l_{ij} l_{mj} + u_i u_m$$

gilt, da $u_i = p_i$, $u_m = p_m$

$$7.1o) \quad p_{im} - p_i p_m = \sum_{j=1}^{k} l_{ij} l_{mj} \qquad i \neq m$$

Da $p_{im} - p_i p_m = E\,x_i\,x_m - E\,x_i\,E\,x_m$ die <u>Kovarianzmatrix</u> der
<u>Dummy Variablen</u> ist, erhalten wir aus 7.1o) das <u>Fundamental-</u>
<u>theorem</u> der Faktorenanalyse für die Elemente der Kovarianzma-
trix von o,1 kodierten Variablen, die nicht in der Diagonale
stehen. Wie üblich können wir an Stelle der Kovarianzmatrix
die Korrelationsmatrix faktorisieren. Da der Korrelationskoeffizient zwischen o,1 kodierten Variablen identisch ist mit
dem Φ-Koeffizienten der Tabellenanalyse der Vierfeldertafel
(Vgl. Gleichung 7.3o)), ergibt sich die Faktorenanalyse von
dichotomen Daten als Faktorisierung der entsprechenden
Φ- Koeffizienten. Auf eine orthogonale Lösung können die üblichen Rotationsverfahren angewendet werden. Voraussetzung
der Verwendung von Φ-Koeffizienten ist die Annahme der <u>Line-</u>
<u>arität</u> in 7.7), worauf M c   D o n a l d (1967) besonders hin-
weist. <u>Nonlineare</u>, etwa <u>logistische Regressionsfunktionen</u> in
7.7) erbringen oft eine <u>bessere Anpassung</u> an die Daten und
sind als <u>Skalierungsverfahren</u> <u>besser</u> <u>fundiert</u> (L a z a r s-
f e l d (1959), L o r d und N o v i c k (1968), S i x t l
(1976)).

7.3 <u>Ursprünglich normal verteilte dichotome Variable</u>

Häufig kann angenommen werden, daß die dichotome Variable x_i
mit den Werten $\{ o,1 \}$ aus einer quantitativen Variablen y_i
hervorgeht. Dies ist insbesondere bei Wissens- und Einstellungsfragen der Fall.

$$x_i = \begin{cases} 1 & \text{wenn } y_1 \quad h_i \\ 0 & \text{wenn } y_1 \quad h_i \end{cases}$$

h_i wird als Schwellenwert bezeichnet.

Wir nehmen an, daß die Variable y_i standardisiert und normalverteilt ist sowie durch eine Linearkombination von Faktoren dargestellt werden kann.

$$7.11) \quad y_i = \sum_{j=1}^{k} l_{ij} f_j + u_i$$

$\underline{y} = \underline{L}\,\underline{f} + \underline{u}$ in Vektorschreibweise mit $\underline{y}' = (y_1, \ldots y_p)$ und den üblichen Bezeichnungen und Konventionen.

Die Wahrscheinlichkeit p_i, daß x_i den Wert 1 annimmt, ist dann

$$7.12) \quad p_i = \int_{h_i}^{\infty} f(y)\, dy \text{ mit } f(y) = \frac{1}{\sqrt{2\pi}}\, e^{-\frac{y^2}{2}}$$

Die Wahrscheinlichkeit für einen Vektor läßt sich dann angeben durch

$$7.13) \quad P(1,0,1,\ldots 0) = \int_{h_1}^{\infty} \ldots_{-\infty}\int^{h_2} \int_{h_3}^{\infty} \ldots_{-\infty}\int^{h_p} f(y)\,dy_p \ldots dy_1$$

mit $f(y) = \frac{1}{K} \exp\left(-\frac{1}{2}\,\underline{y}'\,\underline{R}^{-1}\,\underline{y}\right)$ mit $K = |\underline{R}|^{\frac{1}{2}} (2\pi)^{\frac{p}{2}}$

also der Dichte einer multivariaten standardisierten Normalverteilung, wobei $\underline{R}$ die Korrelationsmatrix ist, die nach dem bekannten Fundamentaltheorem durch

$$7.14) \quad \underline{R} = \underline{L}\,\underline{P}\,\underline{L}' + \underline{U}^2$$

dargestellt werden kann.

Aufgabe der statistischen Schätzung ist es, die _Schwellenwerte_ h_i sowie _Faktorladungen_ und _Faktorwerte_ zu berechnen. Eine ML Lösung für den Fall eines Faktors, ausgehend von 7.13) bieten ten B o c k und L i e b e r m a n (1970) an, eine restringierte ML Lösung, bei der nur zweidimensionale Dichten in 7.13) verwendet werden, wird von C h r i s t o f f e r s o n (1975) angegeben. Beide Lösungen sind eher kompliziert und rechentechnisch außerordentlich aufwendig, sodaß sie praktisch kaum durchführbar sind.

Als Alternative zu dem Verfahren von C h r i s t o f f e r s o n bietet sich das bereits früher praktizierte Verfahren an, die Korrelationskoeffizienten der Variablen y_i, y_h mit Hilfe der tetrachorischen Korrelation aus den Vierfeldertafeln der dichotomen Daten zu berechnen und diese einer herkömmlichen Faktorenanalyse zu unterziehen.

Die Berechnung der Reihenentwicklung für den tetrachorischen Korrelationskoeffizienten r_t ist sehr umfangreich, sodaß für den praktischen Gebrauch Schätzer verwendet werden, die C a s t e l l a n (1966) miteinander verglichen hat. Ohne langwierige Berechnungen liefert folgender Schätzer gute Ergebnisse:

$$7.15) \quad Q = \sin \frac{\pi}{2} \quad \left(\frac{\sqrt{ad} - \sqrt{bc}}{\sqrt{ad} + \sqrt{bc}} \right)$$

wobei a,b,c,d aus den Besetzungszahlen der Vierfeldertafel

| | | Item 2 | |
		richtig	falsch
Item 1	richtig	a	b
	falsch	c	d

stammen.

Ein - allerdings nur selten auftretender - Nachteil der Verwendung von r_t bzw. Q ist, daß die Korrelationsmatrix $\underline{R}$ nicht mehr in jedem Fall positiv definit ist. Dies kann jedoch durch das im vorigen Kapitel angegebene Verfahren bei robusten

Schätzungen von r behoben werden. Die meines Erachtens wesentliche Einschränkung des Verfahrens liegt in der Annahme der multivariaten Normalverteilung des Vektors $y' = (y_1 \ldots y_p)$.

7.4) Behandlung polytomer Variablen

Wir wenden uns nun der Faktorenanalyse von polytomen nominal skalierten Variablen zu, die durch mehrere Ausprägungen pro Variable gekennzeichnet sind. Sie treten in allen Humanwissenschaften häufig auf. Beispiele sind Beruf, Schultypen, Krankheitsarten.

Wir verwenden wieder das Konzept der Dummy Variablen. Eine nominale Variable i weist r_i Merkmalsausprägungen auf. Tritt Ausprägung a auf, erhält die Dummy Variable x_{ia} den Wert 1, sonst o.

$$7.16) \quad x_{ia} = \begin{cases} 1 \text{ wenn in Variable i Kategorie a eintritt} \\ o \text{ sonst} \end{cases}$$

$$i = 1,2,\ldots p$$
$$a = 1,2,\ldots r_i.$$

Für jede Variable i erhalten wir einen Vektor von Dummy Variablen $\underline{x}_i' = (x_{i1}, x_{i2}, \ldots x_{ir_i})$. Diese Vektoren können wir zu einem Gesamtvektor
$\underline{x}' = (\underline{x}_1', \underline{x}_2', \ldots \underline{x}_p')$ mit insgesamt $t = \sum_{i=1}^{p} r_i$ Variablen zusammenfügen. Wie bilden nun den Erwartungswert bzw. bei Stichproben den Mittelwert dieser Vektoren.

$$7.17) \quad \underline{p}_i = E \underline{x}_i, \quad \underline{p} = E \underline{x}$$

$$\hat{\underline{p}}_i = \frac{1}{N} \sum_{h=1}^{N} \underline{x}_{ih}, \quad \hat{\underline{p}} = \frac{1}{N} \sum_{h=1}^{N} \underline{x}_h$$

p_{ia} gibt dann die Wahrscheinlichkeit an, daß in der i-ten Variablen Kategorie a eintritt. $\hat{p}_{ia}$ ist die relative Häufigkeit in der Stichprobe.

Die Wahrscheinlichkeit, daß Ausprägung a, $a = 1, \ldots r_i$ in
der i-ten und Ausprägung b, $b = 1, \ldots r_n$ in der n-ten Variablen auftritt, ist dann $p_{ia.nb}$; dafür gilt

7.18) $\quad p_{ia.nb} = E\ (x_{ia}\ x_{nb}) \qquad i \neq n$

$$\hat{p}_{ia.nb} = \frac{1}{N} \sum_{h=1}^{N} x_{iah}\ x_{nbh} \quad i \neq n$$

In einer Stichprobe ist dies - wie aus 7.18) sofort ersichtlich - die Zahl der Fälle, die in beiden Ausprägungen zugleich
vorkommen. Ist $i = n$, so gilt natürlich

7.19) $\quad p_{ia,ib} = \begin{cases} p_{ia} & a = b \\ o & a \neq b \end{cases}$

Die $p_{ia.nb}$ lassen sich als $r_i \times r_n$ Matrix $\underline{p}_{in}$ zusammenfassen,
die sich ihrerseits zu einer txt Gesamtmatrix
$\underline{P} = (\underline{P}_{in})\ i = 1, \ldots p;\ n = 1, \ldots p$ zusammenfügen.

Da es sich um Wahrscheinlichkeiten handelt, gilt die <u>Restrik-
tion</u>

7.2o) $\quad \sum_{a=1}^{r_i} p_{ia} = 1, \qquad i = 1, \ldots p$

Wir nehmen nun an, daß sich diese Wahrscheinlichkeit durch
eine <u>Linearkombination</u> einer <u>geringen</u> <u>Anzahl</u> von <u>Faktoren</u> f_j,
$j = 1, \ldots k$ darstellen läßt.

Die Darstellung der folgenden Theorie und des faktorenanalytischen Verfahrens ist an M c D o n a l d (1969b) bzw. (1969a)
orientiert.

Die Wahrscheinlichkeit einer Kategorie a in Variable i, gegeben $\underline{f}$, ist analog zu 7.7)

7.21) $\quad p_{ia}|\underline{f} = \sum\limits_{j=1}^{k} l_{iaj}\, f_j + u_{ia}\quad$ bzw. in Vektorschreibweise

$$\underline{p}_i|f = \underline{L}_i\,\underline{f} + \underline{u}_i \text{ mit } \underline{L}_i = (l_{iaj}),\ a = 1,\dots r_i,\ j = 1,\dots k$$
$$\underline{u}_i = (u_{ia})\qquad a = 1,\dots r_i$$
$$\underline{p}|\underline{f} = \underline{L}\,\underline{f} + \underline{u} \text{ mit } \underline{L}' = (\underline{L}_1',\ \dots\ \underline{L}_p'),\ \underline{u}' = (\underline{u}_1',\ \dots\ \underline{u}_p')$$

Wir nehmen wie üblich an, daß f_j standardisiert ist, $E\,f_j = o$ und $E\,f_j^2 = Var\,f_j = 1$, sowie $E\,f_j\,u_{ia} = o$ und $E\,f_j\,f_1 = o$, also die Faktoren untereinander und die Meßfehler unkorreliert sind. Dann gilt, da p_{ia} bereits Erwartungswert ist und der Erwartungswert einer Konstanten gleich der Konstanten ist,

7.22) $\quad p_{ia}|\underline{f} = E\,(p_{ia}|\underline{f}) = E(\sum\limits_{j=1}^{k} l_{iaj}\, f_j + u_{ia}) = u_{ia}$

Wir nehmen nun an, daß gilt

7.23) $\quad p_{ia.nb} = (p_{ia}|\underline{f})\cdot(p_{nb}|\underline{f})\qquad i \neq n$

Daraus folgt nach Berücksichtigung der Annahmen über f_j und 7.22)

7.24) $\quad p_{ia.nb} = \sum\limits_{j=1}^{k} l_{iaj}\, l_{nbj} + p_{ia}\,p_{nb},\quad i \neq n$ bzw. als Matrix

$$\underline{P}_{in} = \underline{L}_i\,\underline{L}_n' + \underline{p}_i\,\underline{p}_n'\qquad i \neq n$$

$\Longleftrightarrow \quad \underline{P}_{in} - \underline{p}_i\underline{p}_n' = \underline{L}_i\,\underline{L}_n'$

Da $\underline{P}_{in}$ und $\underline{p}_i$ Erwartungswerte $E(\underline{x}_i\,\underline{x}_n')$ und $E(\underline{x}_i)$ sind, ist $\underline{P}_{in} - \underline{p}_i\,\underline{p}_n'$ die <u>Varianz Kovarianzmatrix</u> der <u>Dummy Variablen</u> von je zwei verschiedenen nominalen Variablen i und n. Für i = n nimmt die Übertragung der obigen Überlegungen folgende Form an:

7.25) $p_{ia.ib} = \sum\limits_{j=1}^{k} l_{iaj}\, l_{ibj} + p_{ia}\, p_{ib} \quad \Rightarrow$

$$p_{ia} - p_{ia}^2 = p_{ia}\,(1 - p_{ia}) = \sum\limits_{j=1}^{k} l_{ia}^2 \quad \text{für } a = b$$

$$-p_{ia}\, p_{ib} = \sum\limits_{j=1}^{k} l_{ia}\, l_{ib} \quad \text{für } a \neq b$$

oder als Matrix $\underline{P}_{ii} - \underline{p}_i\, \underline{p}_i'$

Dies bedeutet, daß die Varianzen und Kovarianzen innerhalb
der Ausprägungen einer nominalen Variablen zur Gänze durch
die k gemeinsamen Faktoren erklärt werden müssen. Da dies im
allgemeinen bedeutet, daß k = t ist, müssen wir wie bei der gewöhnlichen Faktorenanalyse annehmen, daß wir dies nur zu einem
bestimmten Teil tun können. Analog zu U^2 bei der gewöhnlichen
Faktorenanalyse, für die gilt, $\underline{R} - \underline{U}^2 = \underline{L}\,\underline{L}'$, verlangen wir
daher

7.26) $\underline{P}_{ii} - \underline{p}_i\, \underline{p}_i' - \underline{D}_{ii} = \underline{L}_i\, \underline{L}_i' \qquad i = 1,\ldots p$

Allerdings ist $\underline{D}_{ii}$ im <u>Unterschied</u> zu $\underline{U}^2$ <u>keine Diagonalmatrix</u>,
sondern weist auch <u>Kovarianzen auf</u>. Dies ergibt sich eben aus
der Tatsache, daß die Ausprägungen innerhalb einer nominalen
Variablen immer statistisch abhängig sind.

7.27) $\underline{P}_{in} - \underline{p}_i\, \underline{p}_n = \underline{S}_{in} = \underline{L}_i\, \underline{L}_n' \quad i \neq n$

$$\underline{P}_{ii} - \underline{p}_i\, \underline{p}_i' - \underline{D}_{ii} = \underline{S}_{ii} = \underline{L}_i\, \underline{L}_i' \quad \text{bzw.}$$

$$\underline{S} - \underline{D} = \underline{L}\,\underline{L}'$$

mit $\underline{S} = (\underline{S}_{in})$ $i = 1,\ldots p;\ n = 1,\ldots p$
und $\underline{D} = (\underline{D}_{ii})$ $i = 1,\ldots p$, also einer <u>Blockdiagonalmatrix</u>

Bevor wir die Faktorisierung durchführen, sind noch die <u>Aus-</u>
<u>wirkungen</u> der <u>Restriktion</u>

$$\sum_{a=1}^{r_i} p_{ia} = 1 \text{ zu bedenken}$$

$$7.28) \quad 1 = \sum_{a=1}^{r_i} p_{ia}|\underline{f} = \sum_{a=1}^{r_i} \sum_{j=1}^{k} l_{iaj} f_j + \sum_{a=1}^{r_i} u_{ia} \quad (i = 1,2..p)$$

$$\text{Da} \quad \sum_{a=1}^{r_i} u_{ia} = \sum_{a=1}^{r_i} p_{ia}|f = 1, \text{ folgt}$$

$$7.29) \quad \sum_{a=1}^{r_i} l_{iaj} = o, \; i = 1,...p; \; j = 1,... k \text{ oder in Matrix-schreibweise}$$

$$\underline{L}'_i \, \underline{1} = \underline{o} \text{ mit } \underline{1}' = (1,1,...1)$$

Bei der Berechnung der Faktorladungen ist also 7.29) zu berücksichtigen.

Die Faktorisierung wird mit Hilfe einer modifizierten iterierten Hauptfaktorenlösung durchgeführt.

Schritt 1: Berechne alle Eigenwerte und Eigenvektoren der Kovarianzmatrix $\underline{S}$ der Dummy Variablen

$$\underline{S} = \underline{C} \, \underline{G} \, \underline{C}'$$

mit $\underline{C} = (\underline{c}_1, ... \underline{c}_p)$, $G = \text{diag} \, (g_1, ... g_p)$

Schritt 2: Bestimme die Anzahl der Faktoren, die extrahiert werden sollen. Da $\underline{S}$ eine Varianz Kovarianzmatrix ist, ist es zur Verwendung des Kaiser Kriteriums (Eigenwerte > 1) notwendig, die Korrelationsmatrix $\underline{R} = \underline{V}^{-1} \, \underline{S} \, \underline{V}^{-1}$ mit $\underline{V}^2 = \text{diag} \, \{ \, \underline{S} \, \}$ zu faktorisieren.

Schritt 3: Setze den Iterationszähler $q = o$

Schritt 4: Berechne aus den ersten k Eigenvektoren $\underline{C}_k = (\underline{c}_1 \, ... \, \underline{c}_k)$ und Eigenwerten $\underline{G}_k = (g_1, ... g_k)$ die orthogonalen Faktorladungen

$$\underline{L}^* = \underline{C}_k \, \underline{G}_k^{\frac{1}{2}}$$

Schritt 5: Normiere die Faktorladungen, sodaß $\underline{L}'_i \, \underline{1} = \underline{o}$, indem von $l^{\divideontimes}_{iaj}$ $a = 1, \ldots r_i$; $i = 1, \ldots p_i$; $j = 1, \ldots k$ der Spaltenmittelwert über alle a abgezogen wird.

$$l^{\divideontimes}_{iaj} = l^{\divideontimes}_{iaj} - \bar{l}^{\divideontimes}_{ij} \quad \text{mit} \quad \bar{l}^{\divideontimes}_{ij} = \frac{1}{r_i} \sum_{a=1}^{r_i} l^{\divideontimes}_{iaj}$$

Schritt 6: Berechne $\underline{D}_q = (\underline{S} - \underline{L}\,\underline{L}') \divideontimes \underline{M}$

$\underline{M}$ ist eine txt Matrix mit 1 in den Blockdiagonalmatrizen $(\underline{M}_{ii})$ $i = 1, \ldots p$ ($\underline{M}_{ii}$ ist eine $r_i x r_i$ Matrix) und o sonst.

$\underline{A} \divideontimes \underline{B}$ ist die elementweise Verknüpfung von Matrizen, sodaß $\underline{C} = \underline{A} \divideontimes \underline{B} <=> c_{ij} = a_{ij} \cdot b_{ij}$. Dadurch wird die in 7.27) geforderte Blockdiagonalform von $\underline{D}_q$ erreicht.

Schritt 7: Berechne die Eigenwerte und Eigenvektoren von $\underline{S} - \underline{D}_q$. M c D o n a l d (1969a) schlägt als Abbruchskriterium vor, den Wert

$$c = \frac{1}{p-k} \sum_{r=k+1}^{p} g_r^2 \quad \text{zu berechnen. Ist } |c_{q-1} - c_q| < \varepsilon$$

wird das Verfahren abgebrochen, sonst erhöhe q um 1 und gehe zu Schritt 4.

Das Abbruchkriterium c_q führt in derRegel zu einer relativ großen Zahl von Iterationen, wenn ε sehr klein, etwa $\varepsilon = 0.000005$ wie bei M c D o n a l d gesetzt wird. Für größeres ε , etwa o.ooo1   wird die Zahl wesentlich verringert.

Im wesentlichen handelt es sich bei dem vorgeschlagenen Algorithmus um eine iterierte Hauptfaktorenlösung, die der Tatsache, daß die Ausprägungen einer nominalen Variablen voneinander statistisch abhängig sind, Rechnung trägt, indem an Stelle der Diagonalmatrix $\underline{U}^2 = \text{diag}\,(\underline{S} - \underline{L}\,\underline{L}')$ die Blockdiagonalmatrix $\underline{D}$ verwendet wird und eine entsprechende Normierung von $\underline{L}$ vorgenommen wird.

Dieser Algorithmus wurde von H o l m und dem Autor in das Faktorenanalyseprogrammpaket von H o l m (1980) eingebaut und ist damit allgemein zugänglich.

Als Beispiel verwenden wir die Daten von B u r t (1950) und geben die Ergebnisse der Analyse von M c D o n a l d (1969b) wieder. Eine Stichprobe von 100 Männern wurde nach den Merkmalen Haarfarbe, Augenfarbe, Schädelform und Körpergröße klassifiziert.

Die zweidimensionalen Verteilungen liegen in folgender Form vor:

Tab. 36: Zweidimensionale Verteilung anthropometrischer Merkmale

Haarfarbe	blond	22	o	o	14	6	2	14	8	13	9
	rötlich	o	15	o	8	5	2	11	4	1o	5
	dunkel	o	o	63	11	25	27	44	19	2o	43
Augenfarbe	hell	14	8	11	33	o	o	27	6	29	4
	gemischt	6	5	25	o	36	o	2o	16	1o	26
	braun	2	2	27	o	o	31	22	9	4	27
Schädel-form	schmal	14	11	44	27	2o	22	69	o	3o	39
	weit	8	4	19	6	16	9	o	31	13	18
Körper-größe	groß	13	1o	2o	29	2o	4	3o	13	43	o
	klein	9	5	43	4	26	27	39	18	o	57

Dividiert man die vorliegenden Zahlen durch 100, erhält man die Schätzwerte $\hat{p}_{ia}$ a = 1,... r_i; i = 1,...p in der Diagonale bzw. $\hat{p}_{ia.nb}$ außerhalb der Diagonale. Die Kovarianzmatrix ergibt sich durch $\hat{p}_{ia.nb} - \hat{p}_{ia}\,\hat{p}_{nb}$ a = 1,...r_i, b = 1,...r_n; i,n = 1,... p und

$$\hat{p}_{ia.ib} = \begin{cases} \hat{p}_{ia} & a=b \\ o & \text{sonst} \end{cases} \qquad \text{für } i = n$$

Wir erhalten für $\underline{S}$

Tab. 37: Kovarianzmatrix der anthropometrischen Variablen aus Tabelle 36 (obere Dreiecksmatrix)

	V1	V2	V3	V4	V5
V1	o.171	-o.o33	-o.138	o.o67	-o.o19
V2		o.127	-o.o94	o.o3o	-o.oo4
V3			o.233	-o.o97	o.o23
V4				o.221	-o.118
V5					o.23o

	V6	V7	V8	V9	V1o
V1	-o.o48	-o.o11	o.o11	o.o35	-o.o35
V2	-o.o26	o.oo6	-o.oo6	o.o35	-o.o35
V3	o.o74	o.oo5	-o.oo5	-o.o7o	o.o7o
V4	-o.1o2	o.o42	-o.o42	o.148	-o.148
V5	-o.111	-o.o48	o.o48	-o.o54	o.o54
V6	o.213	o.oo6	-o.oo6	-o.o93	o.o93
V7		o.213	-o.213	o.oo3	-o.oo3
V8			o.213	-o.oo3	o.oo3
V9				o.245	-o.245
V1o					o.245

Anwendung des oben beschriebenen Algorithmus ergibt nach 2o Iterationen für $\varepsilon = $ o.ooooo5 (Bei $\varepsilon = $ o.oooo5 reichen 8 Iterationen aus) folgende Faktorladungen. Es wurden 2 Faktoren extrahiert. Die Matrix $\underline{M}$ ist definiert durch Schritt 6.

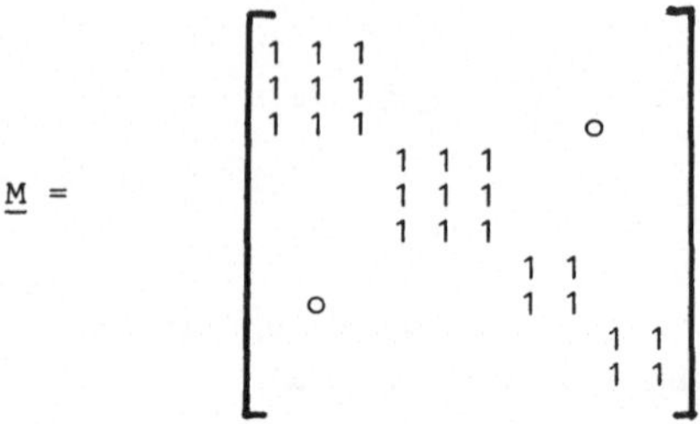

$$\underline{M} = \begin{bmatrix} 1 & 1 & 1 & & & & & & \\ 1 & 1 & 1 & & & & & & \\ 1 & 1 & 1 & & & & o & & \\ & & & 1 & 1 & 1 & & & \\ & & & 1 & 1 & 1 & & & \\ & & & 1 & 1 & 1 & & & \\ & & & & & & 1 & 1 & \\ & o & & & & & 1 & 1 & \\ & & & & & & & & 1 & 1 \\ & & & & & & & & 1 & 1 \end{bmatrix}$$

Tab. 38: Matrix der Faktorladungen der nominalen Variablen
aus Tab. 37

		Faktor	
		1	2
	V1 blond	o.127	-o.oo59
Haarfarbe	V2 rötlich	o.o85	-o.o11
	V3 dunkel	-o.212	o.o69
	V4 hell	o.463	-o.o14
Augenfarbe	V5 gemischt	-o.175	-o.o74
	V6 braun	-o.288	o.o88
Schädelform	V7 schmal	o.1o3	o.411
	V8 weit	-o.1o3	-o.411
Körpergröße	V9 groß	o.315	-o.o68
	V1o klein	-o.315	o.o68

Zeichnet man die Ladungen der Variablen in einem rechtwinkeligen Koordinatensystem ein, erkennt man sofort, daß der erste
Faktor bipolar ist mit den Polen helle Augenfarbe, groß, blond
und braune Augenfarbe, klein, dunkel. Der zweite Faktor besteht nur aus der Variablen Schädelform, auf Grund der Forderung

$$\sum_{a=1}^{r_i} l_{iaj} = o$$ ebenfalls bipolar, die orthogonal zu allen ande-

ren Variablen ist.

Bei diesem Beispiel ist zu beachten, daß es sich um die Faktorenanalyse einer Kovarianzmatrix handelt. Die Ladungen können daher nicht als Korrelationen mit den Faktoren, sondern müssen als Kovarianzen interpretiert werden. Multipliziert man $\underline{L}$ mit $\underline{V}^{-1}$ vor, wird die Forderung

$$\sum_{a=1}^{r_i} l_{iaj} = o \text{ verletzt.}$$

Die Forderung $\sum_{a=1}^{r_i} l_{iaj} = o$ ist für jede nominale Variable erfüllt.

Berechnet man $\underline{S} - \underline{L}\,\underline{L}'$ sind die Abweichungen außerhalb der Blockdiagonalen, also die residuale Kovarianzmatrix außerordentlich klein. Die Werte innerhalb der Blockdiagonalen entsprechen den nicht erklärten Varianzen der herkömmlichen Faktorenanalyse.

Auf die Matrix der Faktorladungen können die üblichen Rotationsverfahren angewendet werden. Ebenso ist die Berechnung der Faktorwerte durch Gewichtung der Dummy Variablen mit den entsprechenden Regressionskoeffizienten zulässig.

Bei der Rotation ist wiederum auf $\sum_{a=1}^{r_i} l_{iaj} = o$ zu achten.

Dies kann wie bei der ursprünglichen Berechnung von $\underline{L}$ durch Skalierung auf den Mittelwert

$$m^*_{ij} = \frac{1}{r_i} \sum_{a=1}^{r_i} m^*_{iaj}$$

erfolgen (Schritt 5), wenn die m^*_{iaj} die rotierten Ladungen sind.

Der Nachteil des besprochenen Verfahrens liegt darin, daß - etwa im Unterschied zur ML Lösung der Faktorenanalyse - keine Aussagen über Konfidenzintervalle und Tests vorliegen.

7.5 Faktorenanalyse von Variablen mit unterschiedlichem Meßniveau

Die in den letzten Abschnitten behandelten Verfahren gestatten uns, Variablen unterschiedlichen Meßniveaus der Faktorenanalyse zu unterziehen. Sind die Variablen quantitativ, ordinal und oder dichotom, bietet sich auf Grund früherer Überlegungen über die Korrelationskoeffizienten an, eine Matrix von Γ Koeffizienten zu faktorisieren.

Sowohl der Korrelationskoeffizient r als auch der ordinale Koeffizient τ_b als auch der ϕ Koeffizient lassen sich als Γ Koeffizienten auffassen.

Für den ϕ Koeffizienten gilt nämlich

$$7.30) \quad \phi_{AB} = \Gamma_{AB} = \sum_{h=1}^{N} \sum_{l=1}^{N} x_{hl}\, y_{hl} \Big/ \Big(\sum_{h=1}^{N} \sum_{l=1}^{N} x_{hl}^2 \sum_{h=1}^{N} \sum_{l=1}^{N} y_{hl}^2 \Big)^{\frac{1}{2}}$$

$$\text{mit } x_{hl} = \left\{ \begin{array}{l} 0 \text{ für } h=l \\ 1 \text{ für } h\neq l \end{array} \right\} \quad \text{bezüglich Variable A}$$

$$\text{mit } y_{hl} = \left\{ \begin{array}{l} 0 \text{ für } h=l \\ 1 \text{ für } h\neq l \end{array} \right\} \quad \text{bezüglich Variable B}$$

Dadurch erhalten wir zwar eine Korrelationsmatrix, die sich faktorisieren läßt, auf Grund der Überlegungen über die ordinalen Variablen erscheint uns jedoch die Schätzung von Faktorwerten im ordinalen Fall sinnlos.

Liegen nur quantitative und oder nominale (dichotome) Variable vor, können wir uns folgendes überlegen.

Bei der herkömmlichen Faktorenanalyse verlangen wir, daß sich die Kovarianzmatrix $\underline{S}$ darstellen läßt durch

$$7.31) \quad \underline{S} - \underline{U}^2 = \underline{L}\,\underline{L}'$$

wobei $\underline{L}\,\underline{L}'$ einen Rang $k < p$ aufweist und $\underline{U}^2$ eine zumindest positiv semidefinite Diagonalmatrix ist. k ist in der Regel wesentlich kleiner als p.

Bei qualitativen Variablen läßt sich $\underline{S}$ darstellen durch

7.32) $\underline{S} - \underline{D} = \underline{L}\,\underline{L}'$

    mit $\underline{D}$ als zumindest positiv semidefiniter Blockdiagonal-
matrix mit $r_i \times r_i$ Blöcken $\underline{D}_{ii}$ i=1,...p. Der Rang k von
$\underline{L}\,\underline{L}'$ ist ebenfalls kleiner als p.

    Außerdem muß $\displaystyle\sum_{a=1}^{r_i} l_{iaj} = o$ gelten.

Nimmt man 7.31) und 7.32) zusammen, ergibt sich, daß im ge-
wünschten Fall folgende Faktorisierung gefunden werden muß.

7.33) $\underline{S} - \underline{D} = \underline{L}\,\underline{L}'$

    wobei $\underline{D}$ eine Matrix ist, die für die qualitativen Vari-
ablen eine Blockdiagonalmatrix, für die quantitativen
Variablen eine Diagonalmatrix ist und wiederum zumindest
positiv semidefinit ist. Ist die Variable i qualitativ,
muß

$$\sum_{a=1}^{r_i} l_{iaj} = o \text{ gelten.}$$

Bei der Berechnung muß in Schritt 6 des in 7.4 angegebenen Algorithmus $\underline{M}$ zum Teil als Blockdiagonalmatrix, zum Teil als
Einheitsmatrix - für die quantitativen Variablen - definiert
werden.

Die Berechnung der Kovarianzmatrix $\underline{S}$ erfolgt so, daß die qualitativen Variablen in jeweils r_i Dummies, die 1 und o ko-
diert sind, aufgelöst werden und in die pxN Datenmatrix $\underline{X}$ auf-
genommen werden.

7.34) $\bar{\underline{x}} = \frac{1}{N}\,\underline{X}\,\underline{1}$ ist der px1 Vektor der Mittel Werte

    $\underline{S} = \frac{1}{N}\,\underline{X}\,\underline{X}' - \bar{\underline{x}}\,\bar{\underline{x}}'$

Auch diese Möglichkeit der Behandlung von Variablen mit unterschiedlichem Meßniveau ist in dem Programmpaket von H o l m (1980) enthalten.

Anhang 1: Erwartungswerte

Sei Y eine Zufallsvariable mit den Ausprägungen y_1, y_2,...y_n und den Wahrscheinlichkeiten p_1, p_2,...p_n, wenn die Zufallsvariable diskret ist, bzw. mit der Dichte $f(y)$ an der Stelle y, wenn Y stetig ist. Sei weiters $g(Y)$ eine Funktion von Y. Der Erwartungswert $E\,g(Y)$ ist dann definiert durch

$$E\,g(Y) = \sum_{i=1}^{n} g(y_1)p_i \qquad \text{für Y diskret}$$

$$= \int_{-\infty}^{\infty} g(y)\,f(y)\,dy \qquad \text{für Y stetig}$$

Der Erwartungswert entspricht also dem gewichteten arithmetischen Mittel über die Funktion $g(Y)$ aus der deskriptiven Statistik. Wir brauchen nur an Stelle der relativen Häufigkeiten $\hat{p}_i$ die Wahrscheinlichkeiten p_i zu setzen. Aufgrund der obigen Definition läßt sich leicht zeigen, daß E ein linearer Operator ist. Für zwei Zufallsvariable Y_1, Y_2 gilt nämlich

$$E\,(a\,g_1(Y_1) + b\,g_2(Y_2)) = a\,E\,g_1(Y_1) + b\,E\,g_2(Y_2).$$

Für uns besonders wichtige Erwartungswerte sind, wenn Y_i und Y_j Zufallsvariable sind.

$$E\,Y_i = m_i \qquad\qquad \text{Erwartungswert von } Y_i$$

$$E\,(Y_i - m_i)^2 = s_i^2 = s_{ii} \qquad\qquad \text{Varianz von } Y_i$$

$$E\,(Y_i - m_i)(Y_j - s_j) = s_{ij} \qquad\qquad \text{Kovarianz von } Y_i \text{ und } Y_j$$

Wenn wir eine p-dimensionale $(Y_1...Y_p)$ Zufallsvariable betrachten, können wir die Mittelwerte zu einem Vektor $m' = (m_1, m_2,...m_p)$ und die Varianzen und Kovarianzen zu einer entsprechenden Matrix

$$\underline{S} = \begin{bmatrix} s_{11} & s_{12} & \cdots & s_{1p} \\ s_{21} & s_{22} & \cdots & s_{2p} \\ s_{p1} & s_{p2} & \cdots & s_{pp} \end{bmatrix} \qquad \text{zusammenfügen}$$

176

In Matrixschreibweise bedeutet das:

Sei $\underline{y}' = (Y_1, Y_2, \ldots Y_p)$.

$E\,\underline{y} = m$

$E\,\underline{y}\,\underline{y}' = \underline{S}$

Die Eigenschaften der Linearität bleiben auch im mehrdimensionalen Fall erhalten. Sind $\underline{A}$, $\underline{B}$ konstante Matrizen mit jeweils p Spalten $\underline{y}_1$, $\underline{y}_2$ Zufallsvektoren, so gilt:

$$E(\underline{A}\,\underline{y}_1 + \underline{B}\,\underline{y}_2) = \underline{A}\,E\,\underline{y}_1 + \underline{B}\,E\,\underline{y}_2.$$

Sind uns die wahren Werte nicht bekannt, müssen wir sie aus den Daten schätzen. Gegeben ist die pxN Datenmatrix

$$\underline{Y} = \begin{bmatrix} y_{11} & y_{12} & \cdots & y_{1N} \\ y_{i1} & y_{i2} & \cdots & y_{iN} \\ y_{p1} & y_{p2} & \cdots & y_{pN} \end{bmatrix}$$

Dann sind bekanntlich

$$\bar{y}_i = \frac{1}{N} \sum_{l=1}^{N} y_{il}, \quad \hat{s}_{ii} = \frac{1}{N-1} \sum_{l=1}^{N} (y_{il} - \bar{y}_i)^2 \text{ und}$$

$$\hat{s}_{ij} = \frac{1}{N-1} \sum_{l=1}^{N} (y_{il} - \bar{y}_i)(y_{jl} - \bar{y}_j)$$

erwartungsgetreue Schätzer für m_i, s_{ii}, s_{ij}.

Daraus folgt sofort, daß sich der Vektor der Mittelwerte $\bar{y}$ und die geschätzte Kovarianzmatrix $\hat{\underline{S}}$ wie folgt berechnen lassen. Sei $n = N - 1$ und $\underline{e}' = (1,1,\ldots 1)$ ein Nx1 Vektor, in dem jedes Element den Wert 1 annimmt.

$$\bar{\underline{y}} = \frac{1}{N}\,\underline{Y}\,\underline{e} \qquad\qquad \text{geschätzter Mittelwertsvektor}$$

$$\underline{S} = \frac{1}{n}\,\underline{Y}\,\underline{Y}' - \bar{\underline{y}}\,\bar{\underline{y}}' \qquad\qquad \text{geschätzte Varianz-Kovarianzmatrix}$$

Anhang 2: Numerische Lösung des Eigenwertproblems

Wir geben hier ein besonders einfaches Verfahren zur Berechnung von Eigenwerten und Eigenvektoren an, nämlich die von Mises'sche Vektoriteration,
die der Größe nach geordnete Eigenwerte liefert. Wir folgen dabei Z u r-
m ü h l (1964, S. 279 f.), der auch weitere - numerisch bessere - Verfahren wie das Jacobi Verfahren angibt. Weitere Algorithmen mit besseren numerischen Eigenschaften, insbesondere geringerer Fehlerfortpflanzung, finden sich in jedem modernen Lehrbuch der numerischen Mathematik.

Sei $\underline{R}$ eine symmetrische reelle pxp Matrix. Gesucht sind ein Vektor $\underline{a}$ und
ein Skalar g, sodaß gilt

$$\underline{R}\,\underline{a} = \underline{a}\,g$$

Ein Vektor $\underline{a}$ mit dieser Eigenschaft heißt $\underline{Eigenvektor}$, g heißt $\underline{Eigenwert}$.

Die Berechnung verläuft so: Wir starten mit einem Versuchsvektor $\underline{a}_o$,
z.B. $\underline{a}_o = (1,0,\ldots o)$ und bilden
$$\underline{A}_1 = \underline{R}\,\underline{a}_o$$

Man normiert $\underline{a}_1$ auf $\underline{a}_1 = 1$, also $\sum_{i=1}^{p} a_{1i}^2 = 1$ und bildet

$$\underline{a}_2 = \underline{R}\,\underline{a}_{n-1}$$

Nach Normierung wird dies weiter fortgesetzt. Allgemein $\underline{a}_n = \underline{R}\,\underline{a}_{n-1}$

Bei genügend großem n unterscheiden sich $\underline{a}_n$ und $\underline{a}_{n-1}$ nur mehr durch einen
Faktor, d.h.
$$\underline{a}_n = c\,\underline{a}_{n-1}.$$
Dies gilt komponentenweise, d.h. für alle $i = 1,2 \ldots p$ gilt

$\left| a_{ni} = c\,a_{(n-1)i} \right| < \varepsilon$, mit ε beliebig klein. c ist dann der größte
Eigenwert von $\underline{R}$ und $\underline{a}_n$ ist nach Normierung der entsprechende Eigenvektor,
also $c = g_1$ und $\underline{a}_n = \underline{a}$. Nun wird $\underline{R}^* = \underline{R} - \underline{a}\,g_1\,\underline{a}'$ berechnet und darauf
wiederum das Vektoriterationsverfahren angewandt.

Dies liefert g_2 mit entsprechendem Eigenvektor. Dieses Verfahren wird so lange wiederholt, bis die gewünschte Zahl von Eigenwerten extrahiert ist.

Anhang 3: Maximum Likelihood (ML) Schätzung

Wir geben hier einige wichtige Ergebnisse der mathematischen Statistik in kurzer Form - ohne exakte mathematische Formulierung - an:

Seien $\underline{x}_1$, $\underline{x}_2$, ... $\underline{x}_N$ unabhängige Meßdaten (Skalare oder Vektoren), deren Wahrscheinlichkeitsdichte $f(\underline{X}\,|\,\underline{\vartheta})$ mit $\underline{\vartheta} = (\vartheta_1, ... \vartheta_k)$, $\underline{X} = (\underline{x}_1, ... \underline{x}_N)$ von Parametern $\vartheta_1, ... \vartheta_k$ abhängt. Wir schätzen $\vartheta_1 ... \vartheta_k$ so, daß diese Dichte für die vorliegende Stichprobe maximiert wird. Wir schreiben daher die Dichtefunktion für $\underline{X}$ fest und $\underline{\vartheta}$ variabel als sogenannte Likelihoodfunktion $L(\underline{\vartheta}\,|\,\underline{X})$, die zu maximieren ist.

Sei also $L(\underline{\vartheta}\,|\,\underline{X}) = f(\underline{X}\,|\,\underline{\vartheta})$. Wir wählen $\underline{\vartheta}$ so, daß gilt $L^*(\underline{\vartheta}\,|\,\underline{X}) = \max_{\underline{\vartheta} \in D} L(\underline{\vartheta}\,|\,\underline{X})$ mit D als dem zulässigen Wertebereich für $\vartheta_1 \cdot \vartheta_k$.

An Stelle von $L(\underline{\vartheta}\,|\,\underline{X})$ wird häufig $\ln L(\underline{\vartheta}\,|\,\underline{X})$ maximiert, da ln als streng monoton wachsende Funktion das Maximum erhält. Hinreichende Bedingungen für Existenz eines globalen Maximum sind Existenz der ersten und zweiten Ableitungen sowie die Negativ Definitheit der Matrix der zweiten Ableitungen. Es ist daher das Gleichungssystem

$$\frac{\partial \ln L(\underline{\vartheta}\,|\,\underline{X})}{\partial \vartheta_i} = 0 \qquad i = 1,2...k$$

zu lösen und die Matrix

$$\frac{\partial^2 \ln L(\delta/\underline{X})}{\partial \delta_i \, \partial \delta_j} = \qquad i,j = 1,2...k$$

zu untersuchen.

ML Schätzer sind BAN Schätzer, d.h. sie sind asymptotisch erwartungstreu, effizient und normalverteilt mit

$$E \; \hat{\underline{\vartheta}} = \underline{\vartheta} \quad \text{und} \quad \underline{V}(\hat{\underline{\vartheta}}) = - \left(E \left(\frac{\partial^2 \; \ln L(\underline{\vartheta} \mid \underline{X})}{\partial \vartheta_i \; \partial \vartheta_j} \right) \right)^{-1}$$

also der Inversen der Fisher'schen Informationsmatrix. ($\underline{V}(\hat{\underline{\vartheta}})$) ist die Varianz Kovarianzmatrix). Die statistische Theorie ist in K e n d a l l und S t u a r t (1973, S. 57) dargestellt.

Anhang 4: Rechenregeln zum Differenzieren von Matrizen
____

Wir bezeichnen im folgenden mit $\underline{A}$, $\underline{B}$, $\underline{C}$ Matrizen von Konstanten und mit $\underline{u}$, $\underline{v}$, $\underline{w}$, $\underline{C}$, $\underline{Y}$, $\underline{Z}$ Vektoren bzw. Matrizen die entweder von einem Skalar t durch $\underline{X} = \underline{X}(t)$ abhängen, oder nach deren Elementen abgeleitet wird. Diese Darstellung richtet sich nach B o c k (1975, S. 67 f.).

Häufig werden folgende Regeln benützt:

1. Ist $\underline{X}$ eine pxk Matrix, die von t abhängt, ist

$$\frac{\partial \underline{X}}{\partial t} = \frac{\partial x_{ij}}{\partial t} \quad i = 1,\dots p; \; j = 1,\dots k \text{ als Matrix der Ableitungen}$$
$$\text{definiert.}$$

2. Hängen $\underline{X}$ und $\underline{Y}$ von t ab, ist

$$\frac{\partial \; (\underline{X}+\underline{Y})}{\partial \, t} = \frac{\partial \, \underline{X}}{\partial t} + \frac{\partial \underline{Y}}{\partial t}$$

3. $\quad \dfrac{\partial \, \underline{X} \, \underline{Y}}{\partial t} = \dfrac{\partial \, \underline{X}}{\partial \, t} \, \underline{Y} + \underline{X} \, \dfrac{\partial \, \underline{Y}}{\partial \, t}$

4. Aus 3. folgt wegen $\underline{X} \, \underline{X}^{-1} = \underline{I}$ für $|\underline{X}| \neq 0$

$$\frac{\partial \underline{X} \, \underline{X}^{-1}}{\partial \, t} = \frac{\partial \, \underline{X}}{\partial \, t} \, \underline{X}^{-1} + \underline{X} \, \frac{\partial \, \underline{X}^{-1}}{\partial \, t} = 0 \qquad \frac{\partial \, \underline{X}^{-1}}{\partial \, t} = -\underline{X}^{-1} \; \frac{\partial \, \underline{X}}{\partial \, t} \, \underline{X}^{-1}$$

Nun folgen einige Regeln für den Fall, daß eine skalare Funktion f von
einem Vektor oder einer Matrix abhängt.

$$\frac{\partial f(\underline{X})}{\partial \underline{X}} = \left(\frac{\partial f(\underline{X})}{\partial x_{ij}} \right)_{ij} \qquad i = 1,\ldots p;\ j = 1,\ldots k$$

Folgende Formeln lassen sich leicht nachrechnen.

5. $f(\underline{X}) = \text{tr}\,\underline{X} = \sum_{i=1}^{p} x_{ii}$ für k = p

5.1 $\quad \dfrac{\partial\,\text{tr}\,\underline{C}}{\partial \underline{X}} = \underline{o} \quad$ für $\underline{C}$ eine konstante Matrix

5.2 $\quad \dfrac{\partial\,\text{tr}\,\underline{X}}{\partial \underline{X}} = \underline{I} \quad \underline{X}$ eine pxp Matrix

5.3 $\quad \dfrac{\partial\,\text{tr}\,\underline{X}\,\underline{C}}{\partial \underline{X}} = \underline{C}' \quad$ für $\underline{C}$ eine rxs Matrix von Konstanten und r=k, s=p.

5.4 $\quad \dfrac{\partial\,\text{tr}\,(\underline{A}+\underline{B})}{\partial \underline{X}} = \dfrac{\partial\,\text{tr}\,\underline{A}}{\partial \underline{X}} + \dfrac{\partial\,\text{tr}\,\underline{B}}{\partial \underline{X}}$

5.5 $\quad \dfrac{\partial\,\text{tr}\,\underline{X}'\,\underline{C}\,\underline{X}}{\partial \underline{X}} = (\underline{C} + \underline{C}')\,\underline{X}$

Die beiden letzten Formeln sind nützlich für die Herleitung der Minres-
Lösung. Dabei ist zu beachten, daß für symmetrisches $\underline{C}$ gilt

$$\frac{\partial\,\text{tr}\,\underline{X}'\,\underline{C}\,\underline{X}}{\partial \underline{X}} = \underline{C}\,\underline{X}$$

Mit 5.5 lassen sich auch quadratische Formen behandeln. Ist $Q = \underline{x}'\,\underline{A}\,\underline{x}$
und $\underline{A}$ symmetrisch, so ist

$$\frac{\partial Q}{\partial \underline{x}} = \frac{\partial\,\text{tr}\,\underline{x}'\,\underline{A}\,\underline{x}}{\partial \underline{x}} = \underline{A}\,\underline{x}$$

5.6 $\quad \dfrac{\partial\,\text{tr}\,\underline{A}\,\underline{X}^{-1}}{\partial \underline{X}} = -\,(\underline{X}^{-1}\,\underline{A}\,\underline{X}^{-1}),$

Zunächst lassen sich Summation und Differenzieren vertauschen,

$$\frac{\partial \mathrm{tr}\ \underline{A}\ \underline{X}^{-1}}{\partial\ \underline{X}} = \mathrm{tr}\ \underline{A}\ \frac{\partial\ \underline{X}^{-1}}{\partial\ \underline{X}} = \mathrm{tr}\ -\underline{A}\ \underline{X}^{-1}\ (\frac{\partial\ \underline{X}}{\partial\ x_{ij}})\ \underline{X}^{-1} \quad \text{wegen 4.}$$

$$= -\mathrm{tr}\ \underline{X}^{-1}\ \underline{A}\ \underline{X}^{-1}\ (\frac{\partial \underline{X}}{\partial x_{ij}}) = -\ (\underline{X}^{-1}\ \underline{A}\ \underline{X}^{-1})' \quad \text{wegen 5.3}$$

$$6.\ \frac{\partial\ \ln\ \underline{X}}{\partial\ \underline{X}} = (\underline{X}^{-1})' \quad \text{für} \quad |\ \underline{X}| \neq o \text{ mit } \underline{X} \text{ eine pxp Matrix}$$

Ist c_{ij} der Kofaktor von x_{ij}, d.h. $c_{ij} = (-1)^{i+j}\ |\underline{X}_{ij}|$ mit $\underline{X}_{ij}$ gleich der Matrix $\underline{X}$ ohne i-te Zeile und j-te Spalte, so ist bekanntlich

$$|\underline{X}| = \sum_{j=1}^{p} x_{ij}\ c_{ij} \qquad \text{für alle } i = 1,2\ldots p$$

Daher ist $\dfrac{\partial\ |\underline{X}|}{\partial x_{ij}} = c_{ij}$

Andererseits ist $\underline{X}^{-1} = \dfrac{1}{|\underline{X}|}\ (c_{ij})' \quad i,j = 1,2\ldots p.$

Daher ist $\dfrac{\partial\ \ln\ |\underline{X}|}{\partial\ \underline{X}} = \dfrac{1}{|\underline{X}|}\ \dfrac{\partial |\underline{X}|}{\partial\ \underline{X}} = \dfrac{1}{|\underline{X}|}\ (c_{ij}) = (\underline{X}^{-1})' \quad i,j=1,\ldots p$

Damit läßt sich die bei der ML Lösung auftretende Funktion
$$F\ (\underline{S} = \underline{L}\ \underline{L}' + \underline{U}^2) = \ln\ |\underline{S}| + \mathrm{tr}\ (\hat{\underline{S}}\ \underline{S}^{-1})$$
minimieren, indem wir nach $\underline{L}$ und $\underline{U}^2$ ableiten. (Vgl. dazu J ö r e s k o g (1973) oder H a f n e r (1978)).

Nach der Kettenregel gilt zunächst

$$\frac{\partial F}{\partial u_i^2} = \sum_{h=1}^{p}\ \sum_{l=1}^{p} \frac{\partial F}{\partial s_{hl}}\ \frac{\partial\ s_{hl}}{\partial\ u_i^2} \quad \text{und}$$

$$\frac{\partial F}{\partial l_{ij}} = \sum_{h=1}^{p}\ \sum_{l=1}^{p} \frac{\partial F}{\partial s_{hl}}\ \frac{\partial s_{hl}}{\partial l_{ij}}$$

$$(\frac{\partial F}{\partial s_{hl}})h,l=1,\ldots p = \frac{\partial F}{\partial \underline{S}} = (\underline{S}^{-1})' - (\underline{S}^{-1}\ \hat{\underline{S}}\ \underline{S}^{-1})' = (\underline{S}^{-1}\ (\underline{S} - \hat{\underline{S}})\underline{S}^{-1})'$$

wegen 5.6 und 6

$$\frac{\partial s_{hl}}{\partial u_i^2} = \begin{cases} 1 & \text{für } h = l = i \\ 0 & \text{sonst} \end{cases} \qquad \frac{\partial F}{\partial U^2} = \text{diag} \; \frac{\partial F}{\partial \underline{S}} = \text{diag}\,(\underline{S}^{-1}(\underline{S} - \hat{\underline{S}})\underline{S}^{-1})$$

Da $s_{hl} = \sum\limits_{t=1}^{k} l_{ht}\, l_{lt}$ gilt

$$\frac{\partial s_{hl}}{\partial l_{ij}} = (\delta_{ih}\, l_{lj} + \delta_{il}\, l_{hj}) \text{ mit } \delta_{ih} = \begin{cases} 1 & \text{für } i = h \\ 0 & \text{sonst} \end{cases}$$

Somit ist

$$\frac{\partial F}{\partial l_{ij}} = \sum_{h=1}^{p} \sum_{l=1}^{p} \frac{\partial F}{\partial s_{hl}} \frac{\partial s_{hl}}{\partial l_{ij}} = \sum_{h=1}^{p} \frac{\partial F}{\partial s_{hl}}\, l_{lj} + \sum_{l=1}^{p} \frac{\partial F}{\partial s_{hl}}\, l_{hj}$$

Daraus folgt

$$\frac{\partial F}{\partial \underline{L}} = \frac{\partial F}{\partial \underline{S}}\, \underline{L} + \left(\frac{\partial F}{\partial \underline{S}} \right)'\, \underline{L} = (\underline{S}^{-1}(\underline{S} - \hat{\underline{S}})\underline{S}^{-1})' + (\underline{S}^{-1}(\underline{S} - \hat{\underline{S}})\, \underline{S}^{-1})\, \underline{L}$$

$$= 2\, \underline{S}^{-1}(\underline{S} - \hat{\underline{S}})\, \underline{S}^{-1}\, \underline{L} \text{ da } \underline{S}^{-1}(\underline{S} - \hat{\underline{S}})\, \underline{S}^{-1} \text{ symmetrisch ist.}$$

Anhang 5: Minimierung einer Funktion von mehreren Variablen

Sowohl die ML Lösung der konfirmatorischen Faktorenanalyse als auch das allgemeine LISREL Modell erfordern die Minimierung einer Funktion von mehreren Variablen. Diese Funktion ist in Abschnitt 5.2 dargestellt und hat q Argumente, q = Anzahl der zu schätzenden Parameter.

Wir geben im folgenden das Davidon-Fletcher-Powell-Verfahren (F l e t - c h e r und P o w e l l, 1963) an, das zur Minimierung der negativen log Likelihoodfunktion in 5.2 verwendet wird.

1. Davidon-Fletcher-Powell-(DFP)-Verfahren und Methode des steilsten Abstiegs.

Wir nehmen an, daß die Funktion $F(\underline{x}) = F(x_1, x_2, \ldots x_q) \epsilon$ IR in einem Bereich stetig ist und stetige erste Ableitungen besitzt, die bekannt sind.

$$\frac{\partial F}{\partial x_i} \quad i = 1, \ldots q \quad = \underline{g}\,(\underline{x})$$

Wir suchen nun eine Folge $F(\underline{x}_k)$ mit $F(\underline{x}_{k+1}) < F(\underline{x}_k)$, sodaß $F(\underline{x})$ ein Minimum wird. Wir beginnen mit irgendeinem Punkt $\underline{x}_o$ und einer positiv definiten qxq-Matrix $\underline{S}_o$, z.B. $\underline{S}_o = \underline{I}$ und setzen $k = o$.

Schritt 1: Berechne $\underline{g}_k = \underline{g}(\underline{x}_k) =$ Vektor der ersten Ableitungen an der Stelle $\underline{x}_k$ und setze $\underline{d}_k = - \underline{S}_k\, \underline{g}_k$

Schritt 2: Minimiere $F(\underline{x}_k + \alpha\underline{d}_k)$ bezüglich $\alpha > o$
(Minimierung in einem Intervall von $\mathbb{R}$, vgl. nächster Abschnitt) und berechne $\underline{x}_{k+1} = \underline{x}_k + \alpha_k\underline{d}_k$, wenn α_k der Punkt ist, bei dem $F(\underline{x}_k + \alpha\underline{d}_k)$ minimal wird, sowie $\underline{p}_k = \alpha_k\underline{d}_k$ und
$$\underline{g}_{k+1} = \underline{g}(\underline{x}_{k+1})$$

Schritt 3: Setze $\underline{g}_k = \underline{g}_{k+1} - \underline{g}_k$ und berechne $\|\underline{g}_{k+1} - \underline{g}_k\|$.
Ist $\|\underline{g}_{k+1} - \underline{g}_k\| < \varepsilon$, ist das Verfahren beendet, sonst setze
$$\underline{S}_{k+1} = \underline{S}_k + \underline{p}_k\, \underline{p}_k' / \underline{p}_k'\, \underline{g}_k - \underline{S}_k\underline{g}_k\underline{g}_k'\, \underline{S}_k / \underline{g}_k'\, \underline{S}_k\, \underline{g}_k$$
und springe nach Erhöhung von k um 1 zu Schritt 1 zurück.

Setzt man an Stelle von $\underline{S}_k$ immer $\underline{I}$ und läßt man den zweiten Teil von Schritt 3 aus, liegt die Methode des steilsten Abstiegs vor (steepest descent = SD).

Wenn das Verfahren konvergiert, geht $\underline{g}_k$ gegen $\underline{o}$ und $\underline{S}_k$ gegen die inverse Matrix der zweiten Ableitungen am Minimum von F. Bei quadratischen Zielfunktionen konvergiert das DFP-Verfahren zwar nicht quadratisch wie das Newton-Verfahren, aber immerhin superlinear. Der Aufwand ist wesentlich geringer, da die Matrix der zweiten Ableitungen nicht immer neu berechnet werden muß.

Für den allgemeinen Fall konnte L u e n b e r g e r (1973, S. 197 ff) zeigen, daß die Superlinearität der Konvergenzgeschwindigkeit wesentlich von der Genauigkeit bei der Bestimmung des Minimums von F $(\underline{x}_k + \alpha\underline{d}_k)$ bezüglich α abhängt und daß im allgemeinen keine globale Konvergenz in dem Sinn, wie sie für die Methode des steilsten Abstiegs vorliegt, gegeben ist. Zur Vermeidung dieser Unzulänglichkeiten schlägt L u e n b e r g e r (1973, S. 2o4) folgenden Algorithmus vor.

Beginne mit $\underline{x}_o$, $\underline{g}_o = \underline{g}(\underline{x}_o)$ und $k = o$.

Schritt 1: Setze $\underline{S}_k = \underline{I}$

Schritt 2: Setze $\underline{d}_k = - \underline{S}_k \underline{g}_k$

Schritt 3: Minimiere $F(\underline{x}_k + \alpha\underline{d}_k)$ bezüglich $\alpha > o$ und berechne α_k,

$$\underline{x}_{k+1} = \underline{x}_k + \alpha_k\underline{d}_k, \; \underline{g}_{k+1}, \; \underline{p}_k = \alpha_k\underline{d}_k \text{ und } \underline{q}_k = \underline{g}_{k+1} - \underline{g}_k \cdot \alpha_k$$

muß so genau bestimmt werden, daß $\underline{p}_k' \underline{q}_k > o$.

Schritt 4: Prüfe, ob $\|\underline{g}_{k+1} - \underline{g}_k\| < \varepsilon$. Wenn ja, ist das Verfahren beendet. Ist k ein Vielfaches von q, gehe zu Schritt 1, sonst setze

$$\underline{S}_{k+1} = (\underline{S}_k - \underline{S}_k \underline{g}_k \underline{g}_k' \underline{S}_k / \underline{g}_k' \underline{S}_k \underline{g}_k) \gamma_k + \underline{p}_k \underline{p}_k' / \underline{p}_k' \underline{q}_k. \text{ Erhöhe}$$

k um 1 und gehe zu Schritt 2.

$$\gamma_k = \underline{p}_k' \underline{q}_k / \underline{q}_k' \underline{S}_k \underline{q}_k$$

Durch dieses Verfahren bleiben sowohl die superlinearen Konvergenzgeschwindigkeit als auch die globale Konvergenz des SD-Verfahrens erhalten. (Bei jedem q-ten Schritt wird $\underline{S}_k = \underline{I}$ gesetzt). Die Methode ist nicht so empfindlich gegenüber Ungenauigkeiten bei der Bestimmung des Minimums von $F(\underline{x}_k + \alpha\underline{d}_k)$ bezüglich α.

2. Minimierung von $F(\underline{x}_k + \alpha\underline{d}_k)$ bezüglich α

Zur Durchführung von Schritt 2 der DFP-Methode bzw. Schritt 3 der modifizierten DFP-Methode müssen wir die Funktion $F(\underline{x}_k + \alpha\underline{d}_k)$ bezüglich α minimieren. Da uns $\underline{g}_k = g(\underline{x}_k)$ = Vektor der ersten Ableitungen bekannt ist, berechnen wir $f(\alpha) = F(\underline{x}_k + \alpha\underline{d}_k)$ und $s(\alpha) = \dfrac{df(\alpha)}{d\alpha} = \underline{g}_{k\alpha}' \underline{d}_k$ mit $\underline{g}_{k\alpha} = \underline{g}(\underline{x}_k + \alpha\underline{d}_k)$ für den Punkt $\alpha_o = o$ und einen Versuchspunkt α_1. Kubische Interpolation durch die Punkte $f(\alpha_o)$, $s(\alpha_o)$, $f(\alpha_1)$, $s(\alpha_1)$ ergibt für die Minimierung von $f(\alpha)$ folgende Vorschrift (Setze zunächst $k = 1$).

Schritt 1: $\alpha_{k+1} = \alpha_k - (\alpha_k - \alpha_{k-1})(s(\alpha_k) + u_2 - u_1)/(s(\alpha_k) - s(\alpha_{k-1}) + 2u_2)$

mit

$$u_1 = s(\alpha_{k-1}) + s(\alpha_k) - 3\,\frac{f(\alpha_{k-1}) - f(\alpha_k)}{\alpha_{k-1} - \alpha_k}$$

$$u_2 = (u_1^2 - s(\alpha_{k-1})s(\alpha_k))^{\frac{1}{2}}$$

Schritt 2: Ist $|\alpha_{k+1} - \alpha_k| < \varepsilon$, beende das Verfahren, sonst gehe zu Schritt 1.

Dieses Verfahren konvergiert quadratisch (L u e n b e r g e r, 1973, S. 142).

Literaturverzeichnis

Anderson, T.W.: An Introduction to multivariate statistical
        analysis, New York, 1958

Anderson, T.W. und Rubin, H.: Statistical inference in factor
        analysis. In Neyman, J. (Hrsg.): Proceedings of the
        Third Berkeley Symposium on Mathematical Statistics
        and Probability, Vol. V (1956), S. 11 - 15o

Arminger, G.: Einstellungen von Meistern zu Faktoren beruf-
        lichen Führungsstils, Mitwirkung und Mitbestimmung.
        Die Betriebswirtschaft, Vol. 38 (1978 b), S. 6o9 -
        619

Arminger, G. und Nemella, J.: Motivationslage und Kursauswahl
        der Teilnehmer an der Erwachsenenbildung des
        Berufsförderungsinstituts Oberösterreichs, unver-
        öffentlichter Forschungsbericht, Linz, 1978 a

Bartlett, M.S.: Test of significance in factor analysis,
        British Journal of Psychology, Statistical Section,
        Vol. 3, (195o), S. 77 - 85

Bock, R.D.: Multivariate statistical methods in Behavioral
        Research, New York, 1975

Bock, R.D. und Lieberman. M.: Fitting a response model for
        n dichotomously scored items, Psychometrika
        vol. 35 (197o), S. 179 - 197

Browne, M.W.: Oblique rotation to a partially specified
        target, British Journal of Mathematical and Stati-
        stical Psychology , Vol. 25 (1972), S. 2o7 - 212

Burt, C.: The factorial analysis of qualitative data, British
        Journal of Psychology (Statistical Section), Vol. 3
        (195o), S. 166 - 185

Carroll, J.B.: An analytical solution for approximating simple
        structure in factor analysis, Psychometrika, Vol.18
        (1953), S. 23 - 28

Carroll, J.B.: IBM 7o4 program for generalized analytic rota-
        tion solution in factor analysis, unveröffentlich-
        tes Manuskript der Harvard Universität 196o

Carroll, J.B.: An analytical solution for approximating sim-
        ple structure in factor analysis, Psychometrika,
        Vol. 18 (1953), S. 23 - 38

Carroll, J.B. und Chang, J.J.: Analysis of individual differ-
        ences in multidimensional scaling via a n-way ge-
        neralization of Eckart-Young decomposition, Psycho-
        metrika, Vol. 35 (197o), S. 283 - 319

Castellan, N.J.: On the estimation of the tetrachoric correla-
        tion coefficient, Psychometrika, Vol. 31 (1966),
        S. 67 - 73

Christofferson, A.: Factor analysis of dichotomized variables,
        Psychometrika, vol. 4o (1975), S. 5 - 32

Clarke, M.R.B.: A rapidly convergent method for maximum like-
        lihood factor analysis, The British Journal of Ma-
        thematical and Statistical Psychology, Vol 23
        (197o), S. 43 - 52

Cronbach, L.J.: Coefficient alpha and the internal structure
        of tests, Psychometrika, Vol 16 (1951), S. 297 -
        334

Cronbach, L.J., Rajaratnam, N. und Gleser, G.C.: Theory of
        generalizability: a liberalization of reliability
        theory, British Journal of Statistical Psychology,
        Vol. 16 (1963), S. 137 - 163

Derflinger, G.: Neue Iterationsverfahren in der Faktorenana-
        lyse, Biometrische Zeitschrift, Vol. 1o (1968),
        S. 57 - 75

Derflinger, G.: Efficient methods for obtaining the minres
        and maximum likelhood solutions in factor analysis,
        Metrika, Vol. 14 (1969), S. 214 - 231

Derflinger, G.: A general computing algorithm for factor ana-
        lysis, Manuskript 1978, erscheint voraussichtlich
         in Biometrical Journal

Devlin, S.J., Gnanadesikan, R. und Kettenring, J.R.: Robust
        estimation and other detection with correlation
        coefficients, Biometrika, Vol. 62 (1975), S. 531 -
        545

Dwyer, P.S.: The contribution of an orthogonal multiple factor
        solution to multiple correlation, Psychometrika,
        Vol. 4 (1939), S. 161 - 171

Eckart, C. und Young, G.: The approximation of one matrix by
        another of lower rank, Psychometrika, Vol 1 (1936)
        S. 211 - 218

Fischer, G. und Roppert, J.: Über ein in der Faktorenanalyse
        auftretendes Transformationsproblem, in Roppert, J.
        und Fischer, G.: Lineare Strukturen in Mathematik
        und Statistik, Wien, 1965, S. 16 - 3o

Fletcher, R. und Powell, M.J.D.: A rapidly convergent descent
        method for minimization. Computer Journal, 6 (1963)
        S. 163 - 168

Gnanadesikan, R. und Kettenring, J.R.: Robust estimates, resi-
        duals and outher detection with mulitresponse data,
        Biometrics, Vol. 28 (1972), S. 81 - 124

Gower, J.C.: Generalized procrustes analysis, Psychometrika,
        Vol. 4o (1975), S. 33 - 51

Gruvaeus, G.T.: A general approach to procrustes pattern rota-
        tion, Psychometrika, Vol. 35 (197o), S. 493 - 5o5

Hafner, R.: Skriptum zur Vorlesung über lineare Modelle, ge-
        halten im WS 1978/79 an der Universität Linz

Hakstian, R.A.: Optimizing the resolution between salient and
        non salient factor pattern coefficients, British
        Journal of Mathematical and Statistical Psychology,
        Vol. 25 (1972), S. 229 - 245

Harman, H.: Modern factor analysis, Chicago 1967

Harman, H. und Jones, W.H.: Factor analysis by minimizing re-
        siduals (Minres), Psychometrika, Vol 31 (1966),
        S. 351 - 368

Holm, K.: Die Befragung III, Die Faktorenanalyse, München,
        1976

Holm, D.: Die Befragung VII, Programme für lineare Modelle,
        erscheint München 198o

Hotelling, H.: Analysis of a complex of statistical variables
        into principal components, Journal of Educational
        Psychology, Vol. 24 (1933), S. 417 - 441, 498 - 52o

Hotelling, H.: Relations between two sets of variates, Bio-
        metrika, Vol. 28 (1936), S. 321 - 377

Hurley, J.L. und Cattell, R. C.: The procrustes program, pro-
        ducing direct rotation to test a hypothesized fac-
        tor structure, Behavioral Science, Vol. 7 (1962),
        S. 258 - 262

Jennrich, R.I. und Sampson, P.F.: Rotation for simple loadings
     Psychometrika, Vol 31 (1966), S. 313 - 323

Jöreskog, K.G.: A general approach to confirmatory maximum li-
     kelihood factor analysis. Psychometrika, Vol. 34
     (1969), S. 183 - 2o2
Jöreskog, K.G.: Testing a simple structure hypothesis in fac-
     tor analysis, Psychometrika, Vol. 31 (1966), S. 165
     - 178

Jöreskog, K.G.: A general method for the analysis of covariance
     structures, Biometrica, Vol. 57, (197o), S. 239 -
     251

Jöreskog, K.G.: A general method for estimation a linear
     structural equation system. In Goldberger, A.S. und
     Duncan, O.D. (Hrsg.), Structural equation models in
     the social sciences, New York, 1973, S. 85 - 112

Jöreskog, K.G. und Sörbom, D.: Statistical models and methods
     for analysis of longitudinal data. In Aigner, D.J.
     und Goldberger, A.S. (Hrsg.): Latent variables in
     socio-economic models, Amsterdam, 1977, S. 285 -
     325

Jöreskog, K.G.: Structural equation models in the social
     sciences: specifications, estimation and testing.
     In Krishnaia , P.R. (Hrsg.): Application of
     statistics, Amsterdam 1977, S. 265 - 287.

Jöreskog, K.G. und Sörbom, D.: LISREL IV, Analysis of linear
     structural relationship by the method of maximum
     likelihood, user's guide, International Educational
     Services, Chicago, 1978

Kaiser, H.F.: The varimax criterion for analytic rotation in
     factor analysis, Psychometrika, Vol. 23 (1958),
     S. 187 - 2oo

Kaiser, H.F.: Computer program for varimax rotation in factor
     analysis, Educational and Psychological measurement
     Vol. 19 (1959), S. 413 - 42o

Kaiser, H.F. und Caffrey, J.: Alpha factor analysis, Psycho-
     metrika, Vol. 3o (1965), S. 1 - 14

Keller, J.B.: Factorization of matrices by least squares, Bio-
     metrika, Vol. 49 (1962), S. 239 - 242

Kendall, M.G.: Rank correlation methods, London, 1962

Kendall, M.G. und Stuart, A.: The advanced theory of stati-
          stics, Vol. 3, London 1968

Kendall, M.G. und Stuart, A.: The advanced theory of stati-
          stics, Vol. 2, London 1973

Labovitz,S.: The assignment of numbers to rank order categories
          American Sociological Review, Vol. 35 (197o),
          S. 515 - 525

Lawley, D.N. und Maxwell, A.E.: Factor analysis as a stati-
          stical method, London 1971

Lazarsfeld, G.F.: Latent structure analysis in: Koch,S.(Hrsg.)
          Psychology: a study of a science, Vol. 3, New York,
          1959

Lord, F.M.und Novick, M.R.: Statistical theories of mental
          test scores, Reading, Mass. (1968)

Luenberger, D.G.: Introduction to linear and nonlinear pro-
          gramming, Reading, Mass., 1973

Mayer, L.S. A note on treating ordinal data as intèrval data,
          American Sociological Review, Vol. 36 (1971),
          S. 519 - 52o

Mayer, L.S. und Robinson, J.A.: Measures of association for
          multiple regression models with ordinal predictor
          variables. In Schuessler, K.F. (Hrsg.): Sociolo-
          gical Methodology 1978, San Francisco, 1977,
          S. 141 - 163

Mc Donald, R.P.: Non-linear factor analysis. Psychometric
          Monograph, no. 15. (1967 a)

Mc Donald, R.P.: Numerical methods for polynomial models in
          non-linear factor analysis. Psychometrika, Vol. 32
          (1967 b), S. 77 - 112

Mc Donald, R.P.: A generalized common factor analysis based on
          residual covariance metrics of prescribed structure
          British Journal of Mathematical and Statistical
          Psychology, Vol. 22 (1969 a), S. 149 - 163

Mc Donald, R.P.: The common factor analysis of multicategory
          data, British Journal of Mathematical and Statisti-
          cal Psychology, Vol. 22 (1969 b), S. 165 - 175

Mc Donald, R.P.: The theoretical foundations of principal fac-
          tor analysis, canonical factor analysis, and alpha
          factor analysis. The British Journal of Mathemati-
          cal and Statistical Psychology, Vol. 23 (1970),
          S. 1 - 21

Mooijaart, A.: Latent structure models, unveröffentliche Dis-
          sertation an der Universität Leiden (1978)

Neuhaus, J.O. und Wrigley, Ch.: The quartimax method: An ana-
          lytical approach to othogonal simple structure,
          British Journal of Statistical Psychology, Vol. 7
          (1954), S. 81 - 91

Nie, N.H. und andere: SPSS Statistical package for the social
          sciences, Chicago, 1975

Pawlik, K.: Dimensionen des Verhaltens, Bern (1968)

Rao, C.R.: Estimation and tests of significance in factor ana-
          lysis, Psychometrika, Vol. 2o (1955), S. 93 - 111

Reiersøl, O.: On the identifiability of parameters in Thursto-
          ne's multiple factor analysis, Psychometrika, Vol.
          15 (195o), S. 121 - 149

Saunders, D.R.: A computer program to find the best fitting
          orthogonal factors for a given hypothesis, Psycho-
          metrika, Vol. 25 (196o), S. 199 - 2o5

Schmidt, P. und Graff, J.: Kausalmodelle mit hypothetischen
          Konstrukten und nicht rekursiven Beziehungen, in:
          Ziegler, R. (Hrsg.): Anwendung mathematischer Ver-
          fahren zur Analyse des Statuszuweisungsprozesses,
          Institut für Soziologie der Universität Kiel
          (1975), S. 7 - 58

Schönemann, H. und Steiger, J.: Regression component analysis,
          British Journal of Mathematical and Statistical
          Psychology, Vol. 29 (1976), S. 175 - 189

Sixtl, F.: Skalierungsverfahren: Grundzüge und ausgewählte
          Methoden sozialwissenschaftlichen Messens, in:
          Holm, K.(Hrsg.): Die Befragung 4 , München, 1976

Thurstone, L.L.: Multiple factor analysis, Chicago, 1947

Überla, K.: Faktorenanalyse, Berlin, 1968

Van Driel, O.P., Prins, H.J. und Veltkamp. G.W.: Estimating
        the parameters of the factor analysis model with-
        out the usual constraint of positive definiteness.
        COMPSTAT 1974, Proceedings in Computational Stati-
        stics, Wien 1974, S. 255 - 265

Weede, E. und Jagodzinski, W.: Einführung in die konfirmatori-
        sche Faktorenanalyse, Zeitschrift für Soziologie,
        Heft 3, (1977), S. 315 - 333

Wiley, D.E.: The identification problem for structural equa-
        tion models with unmeasured variables. In: Gold-
        berger, A.S. und Duncan, O.D. (Hrsg.): Structural
        equation models in the social sciences, New York,
        1973, S. 69 - 83

Zurmühl, R.: Matrizen, Berlin, 1964

Sachregister

Studienskripten zur Soziologie

32 K.-W.Grümer, Beobachtung
    (Techniken der Datensammlung, Bd. 2)
    29o Seiten, DM 15,8o

35 M.Küchler, Multivariate Analyseverfahren
    262 Seiten, DM 16,8o

37 E.Zimmermann, Das Experiment
    in den Sozialwissenschaften
    3o8 Seiten, DM 15,8o

38 F.Böltken, Auswahlverfahren
    Eine Einführung für Sozialwissenschaftler
    4o7 Seiten, DM 17,8o

39 H.J.Hummell, Probleme der
    Mehrebenenanalyse
    16o Seiten, DM 1o,8o

41 Th.Harder, Dynamische Modelle
    in der empirischen Sozialforschung
    12o Seiten, DM 9,8o

42 W.Sodeur, Empirische Verfahren zur
    Klassifikation
    183 Seiten, DM 1o,8o

44 H.-D.Schneider, Kleingruppenforschung
    351 Seiten, DM 16,8o

45 H.J.Helle, Verstehende Soziologie und
    Theorie der Symbolischen Interaktion
    2o7 Seiten, DM 12,8o

Weitere Bände in Vorbereitung

Preisänderungen vorbehalten